U0397510

我与宝宝共成长

0—3 岁婴幼儿家庭教养指导手册

张明红 主编

华东师范大学出版社
·上海·

图书在版编目（CIP）数据

我与宝宝共成长：0—3岁婴幼儿家庭教养指导手册 /
张明红主编. — 上海：华东师范大学出版社，2021
ISBN 978-7-5760-1052-7

Ⅰ.①我… Ⅱ.①张… Ⅲ.①婴幼儿—哺育—手册②
婴幼儿—家庭教育—手册 Ⅳ.①TS976.31-62
②G781-62

中国版本图书馆CIP数据核字(2021)第016747号

我与宝宝共成长：0—3岁婴幼儿家庭教养指导手册

主　　编　张明红
责任编辑　余思洋
责任校对　杨　丽　　时东明
装帧设计　俞　越

出版发行　华东师范大学出版社
社　　址　上海市中山北路3663号　邮编 200062
网　　址　www.ecnupress.com.cn
电　　话　021-60821666　行政传真　021-62572105
客服电话　021-62865537　门市（邮购）电话　021-62869887
地　　址　上海市中山北路3663号华东师范大学校内先锋路口
网　　店　http://hdsdcbs.tmall.com/

印 刷 者　上海市崇明县裕安印刷厂
开　　本　787 毫米 × 1092 毫米　1/16
印　　张　19
字　　数　296千字
版　　次　2021年3月第1版
印　　次　2024年4月第4次
书　　号　ISBN 978-7-5760-1052-7
定　　价　68.00元

出 版 人　王　焰

（如发现本版图书有印订质量问题，请寄回本社客服中心调换或电话021-62865537联系）

前　言

　　0—3 岁托育服务是公共服务的重要组成部分，是政府的基本职能之一。随着人口老龄化的加剧和"全面二孩"政策的实施，我国接连出台了多项有关托育服务的鼓励政策。十九大报告明确提出要在"幼有所育，幼有优育"上不断取得新进展，2019 年的《政府工作报告》提出要"加快发展多种形式的婴幼儿照护服务"，同年由国务院办公厅印发的《关于促进 3 岁以下婴幼儿照护服务发展的指导意见》提出托育服务应以"家庭为主，托育补充"。其中，家庭对婴幼儿照护负主体责任，发展婴幼儿照护服务的重点是为家庭提供有关科学养育的指导和帮助。由此可见，进一步推进婴幼儿照护服务的发展，明确托育服务中家庭的主体地位，提高家长的教养水平，保证家庭教育的质量，已成为我国 0—3 岁托育事业发展的重中之重。与此同时，国家卫生健康委人口家庭司也积极关注我国 0—3 岁托育事业的发展和早期教育质量的提升，2019 年 3 月，国家卫生健康委人口家庭司委托我开展"0—3 岁婴幼儿家庭教育指导"的课题研究，此课题也应和了 2020 年 8 月由国家教育部和妇联修订的《家长家庭教育基本行为规范》中提出的"家庭是人生的第一个课堂，父母是孩子的第一任老师"的理念。

　　"人生百年，立于幼学。" 0—3 岁是人一生的重要开端，也是身心发展的关键时期。从母亲备孕到宝宝出生，再到一天天长大，父母在宝宝身上投入了数不尽的关爱和呵护。但养育孩子的酸甜苦辣，唯有为人父母者才能真正体会。在多年的早期教育实践工作中，我欣慰地发现，绝大多数年轻的父母能够意识到早期教育对宝宝生长发育的重要性，并非常渴望了解婴幼儿保育教育方面的科学知识，但随着互联网的兴起，大量的育儿网页，铺天盖地的公众号信息，错误的、"碎片化"的育儿常识，市场中亲子教育机构的兴办等导致很多父母及婴幼儿照护者缺乏科学、系统的育儿知识和理念，花费了很多的精力和财力却收效甚微，既打乱了宝宝的生活作息，严重影响了父母对早期教育关注和投入的积极性，也大大降低了婴幼儿早期家庭教育的质量和效果。

为积极响应国家和社会对发展0—3岁托育事业的重视和号召，更好地满足0—3岁婴幼儿家长育儿的实际需求，科学性、针对性地解决家长在育儿教育实践中的困惑，在国家卫生健康委人口家庭司课题的引领下，在和上海市浦东新区妇联、上海市长宁区妇幼保健院合作的基础上，我聚集了华东师范大学0—3岁儿童发展创新团队的成员，结合多年来从事婴幼儿家庭教育指导工作的经验，编写了本书，旨在帮助家长形成正确的家庭教育理念，掌握科学的家庭教育方法，并在进一步提升家长育儿水平的同时，促进我国0—3岁托育事业优质化、规范化和科学化的发展。

本书共分为0—1岁、1—2岁与2—3岁三个阶段。每个阶段依据婴幼儿生长发育的规律与特点，进一步科学细致地划分了月龄段，通过这种"月龄细分"的方式，从0—3岁婴幼儿身心发展、教育养育、照护等维度，在动作、认知、语言、情感与社会性等方面，向家长提供与

每个月龄段对应的婴幼儿发展特点和规律。此外，本书还从婴幼儿的养育、教育和发展评价三个方面向家长提出相应的保育教育策略，旨在进一步为家长提供系统化、科学化、操作性强的教养知识和技能。

本书由张明红副教授担任主编，其中，0—1岁这一阶段的编写人员主要有华东师范大学学前教育学系左志宏副教授、杨长江副教授，上海市长宁区妇幼保健院汪洁云医生；1—2岁这一阶段的编写人员主要有华东师范大学学前教育学系张明红副教授、钱文副教授，上海市长宁区妇幼保健院樊珏医生；2—3岁这一阶段的编写人员主要有华东师范大学学前教育学系刘婷博士，上海市长宁区妇幼保健院陈龙霞医生。

此外，本书的出版还得到了相关单位和部门的大力支持。国家卫生健康委人口家庭司和上海市浦东新区妇联对编写工作进行了积极推进；华东师范大学教育学部、上海市长宁区妇幼保健院、上海市黄浦区早期教育指导中心、上海市普陀区早期教育指导中心等单位也给予了大力支持；华东师范大学学前教育学系研究生崔诗琦、袁瑜翎、权莹、张春颖、杜雨茜、巫筱媛、廖思璇参与了资料检索、教案收集、文案编写等工作；书中引用和呈现的图片、资料得到了许多婴幼儿家庭的支持，在此一并表示真诚的感谢。同时也衷心希望本书能够给广大0—3岁婴幼儿家长带来关于家庭教育的启发和反思。本书在编写过程中难免会有疏漏之处，敬请广大读者朋友们批评指正，以使我们不断进步、日趋完善！

华东师范大学学前教育学系　张明红
2020年8月29日于上海

目 录

2—3岁

第九章
31—36 个月幼儿的发展特点与家庭教养指导策略

绪论
写给生命中最重要的前三年

● 0—3 岁婴幼儿阶段是人一生发展的重要起点。对于 0—3 岁婴幼儿的成长与发展而言，家庭无疑是最重要的地方。我们常说"家庭教育是人生的第一个课堂，父母是孩子第一任老师"，这都是在呼吁准爸爸、准妈妈能够意识到 0—3 岁家庭教育对婴幼儿成长的重要意义。众多研究数据与事实都足以证明，从出生到三岁这一阶段，成功的早期家庭教育将是个体今后一生发展的关键基础。

PART 1　第一部分　出生至三岁对人生的重要意义

在过去的一项社会调查中，当人们被问及"你认为对于 0—3 岁的宝宝而言，最重要的是什么"时，大家的回答五花八门，但其中人们提及最多的内容就是"宝宝能不生病""宝宝听话好带""宝宝能够作息规律不折腾"等，很少有人会提及有关家庭教育、父母陪伴的内容。但是近些年，随着科学育儿观念的深入，越来越多的家长已经能够认识到对于宝宝而言，0—3 岁是他们人生中最为关键和重要的三年，是孩子人生成长的奠基阶段，家庭教育对他们的成长与发展来说至关重要且无可替代。

◀家里新成员的到来

一、0—3 岁的发展是个体未来成长发展的重要基石

在个体生命的最初几年，大脑的神经元正处在飞速发展发育的阶段，神经元形成连接的速度达到每秒 1 000 次，其活跃度甚至超过成人的 2 倍。宝宝 3 周

岁时脑的重量已经接近了成人脑的重量，而在宝宝 3 周岁之后，脑的发育速度才开始减缓。0—3 岁这一阶段的良好发展能够为个体一生发展中多项重要能力的形成打下基础：0—3 岁对语音、词汇、句法的理解和掌握对个体语言能力的发展起着非常重要的作用；0—3 岁动作的发展也与其感知觉、认知、思维的发展息息相关，宝宝在尽情爬行的时候发展了感觉统合能力、刺激着前庭觉的发育，宝宝在接触各种软的、硬的、冷的、热的物体的时候又在加深着对周围世界的感知，发展了认知能力与环境适应能力，培养了好奇心并刺激着智力的发育；0—3 岁的婴幼儿是否拥有与妈妈之间的安全型依恋，能够预测其未来自我意识、情绪稳定性等诸多社会性情绪能力的发展，同时有相当多的研究显示，缺失了与妈妈之间安全型依恋的孩子，会在今后发展的过程中出现更多的外显行为问题，如攻击行为、违纪行为、负面自我认知等，这种负面的影响可能是后期无论爸爸妈妈花费多少时间、金钱都无法弥补的。

二、鼓励爸爸妈妈亲自照看 0—3 岁婴幼儿

《2017 中国 0—3 岁婴幼儿生长发育现状白皮书》中显示，在 0—3 岁这一阶段，由爸爸妈妈亲自抚养的宝宝，其生长发育水平会高于由家中祖辈或保姆抚养的宝宝，报告具体指出这种差异突出表现在语言与交流、认知与推理、科学与逻辑、情绪与社交、艺术与创新这五个领域，并随着年龄的增长而加大差距。这份报告显示，主要照料者对 0—3 岁婴幼儿的成长发育有着非常重要的影响，也应和了"父母是孩子最好的老师"这一论断。所以在宝宝 3 岁前，尤其是在 1 岁前，都应该由爸爸妈妈亲自抚养，这样更有助于为宝宝创造早期发展成长的良好开端。

▲ 宝宝与成人积极互动

为了保障我国 0—3 岁婴幼儿早期全面、高质量的发展，国家以及地方政府也对 0—3 岁婴幼儿家庭指导、照护服务等社会性工作给予了高度重视。例如由上海市教育委员会立项并指导，卫计委、妇联、教育局等相关部门，各基层单位及组织展开的家庭科学育儿指导等项目，旨在切实地帮助 0—3 岁婴幼儿家长树立科学育儿的理念、掌握科学育儿的知识与方法、重视早期家庭教育，为孩子提供高质量

的人生开端。

在"0—3岁早期家庭教育具有相当重要意义"的观念越来越受到重视和关注的今天，我们要始终明白，"家庭教育是个人发展的重要一环"。如果缺失了家庭教育与父母陪伴的这关键三年，其缺憾后期难以弥补。0—3岁的发展，是人生一切成长与发展的基石。

对于很多新手爸妈而言，从宝宝降生到孩子逐渐长大成人的过程中，或多或少都会遇到一些问题：有时可能是"看见了别人家孩子会走路了，而自己家孩子还不会走路"的焦虑；有时可能是工作、家庭与照顾宝宝难以"多赢"的压力与负担；有时还可能是自己与另一半在教养宝宝的观念上出现了分歧与误解。这些来自新手爸妈的育儿焦虑，需要得到全社会广泛的关注与支持。

▲宝宝快乐成长

一、你是焦虑的爸爸 / 妈妈吗

实际上，绝大部分新手爸妈的育儿焦虑往往来源于科学育儿理念的缺乏。很多喜欢"看书养娃"的年轻爸爸妈妈的育儿方式越来越"精细"，一味地按照书上的内容为孩子制作精细的辅食，结果使得很多宝宝已经两岁多了，竟然还不会咀嚼，影响了牙齿和肌肉的正常发育。还有一些存有"刻板"心态的爸爸妈妈，往往会根据教科书中的婴幼儿年龄发展的阶段特点刻板地评判自家宝宝，当自己的宝宝没有达到书中所言的发展水平时，就开始怀疑自己的宝宝是否正常，进而产生无尽的焦虑。这样缺乏耐心的育儿观念是不可取的，只有在全面了解0—3岁婴幼儿早期科学育儿观念的基础上，宝宝才能在家庭教育中健康成长。

小测试：你是焦虑的爸爸／妈妈吗

你的生活中存在下面所提到的情况吗？

· 我总是担心宝宝受到意外伤害。

· 宝宝总是难以安抚，让我手足无措。

· 我担心周围的许多不良因素会影响宝宝今后的发展。

· 我担心孩子某方面的能力发展迟缓。

· 我很自责自己曾经让宝宝无意中受到过伤害。

· 我坚决要小心地保护宝宝，使他免受任何伤害。

· 我担心自己没有照顾好宝宝。

· 我担心宝宝的身高、体重不达标。

· 我担心我不在的时候宝宝会处于危险的状态。

· 孩子生病时，我常常吃不下饭、失眠、爱发脾气。

存在上述情况的爸爸／妈妈，可能在养育宝宝的过程中产生了过多的焦虑，属于焦虑型父母。适度的焦虑可以帮助我们在育儿过程中投入更多的精力与耐心，但是过多的焦虑则往往会适得其反，不仅会造成爸爸妈妈的心理负担，还有可能对宝宝产生不良影响。

二、不容小觑的产后抑郁症

（一）什么是产后抑郁症

最近的一次社会调查（2017 年）显示，有 86% 的妈妈都曾在生完宝宝之后的 1—2 个月内出现类似容易烦躁、容易发脾气、容易疑虑、容易抱怨等产后抑郁症的症状。新手妈妈可能会没有明确原因地哭泣，或是在睡眠饮食方面出现问题，心中总是怀疑自己是否能够照料好宝宝，时不时出现不安、无望、伤心、焦虑、易怒、疑虑、情绪不稳定、注意力无法集中的现象与感受，这样的产后抑郁症的症状通常会在分娩后的一段时间内反复出现。全球范围内的数据调查显示，大约有 7 成到 8 成的新手妈妈会在分娩后出现类似的症状，但这种消沉的情绪通常会在 1—2 周之后消失。不过，也有一些妈妈的产后抑郁心境会在 2 周之后仍然持续存在，这时身边的其他家人应该立即采取相关措施，给予妈妈帮助。

心理小链接

美国精神病学会制定的产后抑郁症的诊断标准（1994）

在产后 2 周内出现下列 5 条或 5 条以上的症状，且必须具备第①条与第②条。

① 情绪抑郁；

② 对全部或多数活动明显缺乏兴趣或愉悦感；

③ 体重显著下降或增加；

④ 失眠或睡眠过度；

⑤ 精神运动性兴奋或阻滞；

⑥ 疲劳或乏力；

⑦ 遇事皆感毫无意义或有负罪感；

⑧ 思维能力减退或注意力涣散；

⑨ 反复出现死亡的想法。

（二）为什么会患上产后抑郁症

大部分新手妈妈都会出现产后抑郁症的症状，而出现的原因主要分为两种：一种是生理因素，在女性怀孕时，其体内的雌激素水平较高，而分娩后，雌激素水平会迅速下降，激素的变化可能导致妈妈心理上的变化；另一种是心理因素，包括对"妈妈"这个新身份的认同感的缺失、因育儿常识的缺乏而导致自感无法照料宝宝的焦虑、分娩后极度疲乏而未得到必要的休息、生活上缺乏来自配偶及重要他人的支持等，这些都是引起新手妈妈出现症状的原因。

导致产后抑郁症的危险因子

尽管大多数女性在分娩后都有可能出现产后抑郁症的症状，但有一些女性却比其他女性更容易出现相关症状，符合下述多种情况的准妈妈或新手妈妈需要格外关注自己在分娩后的状况：

1. 你或其他家人有抑郁或者其他精神疾病的疾病史；

2. 孩子的到来不在计划之内；

3. 你的丈夫不能提供情感上的和实际的支持；

4. 你面临着婚姻问题；

5. 你面临着经济困难；

6. 你刚刚经历了离异或分居；

7. 你在怀孕期间经历了重大的生活改变，例如搬迁、失去工作等；

8. 你有严重的经前期综合征；

9. 你的分娩过程不顺利；

10. 你有童年期创伤，例如曾经被虐待或者原生家庭功能不良。

此外，在一些新手妈妈脑海里会存在一些过于完美、过于理想主义的育儿想法，而这部分新手妈妈在日复一日的养育照看宝宝的日常事务中，经常会因为不够完美而感觉到失望和抑郁。对于育儿的误解主要有以下几种。

误解一 母性应该是一种本能，作为女性，自己与生俱来就应该知道如何照料宝宝。然而实际上，妈妈需要像学习其他生活技能一样学习一些照顾宝宝的技能，再加之长时间的练习和耐心，才能够胜任"妈妈"的角色。新手妈妈可以读一些科学的育婴类的书籍、参加一些教授如何照顾婴儿的学习班，或者与其他有经验的妈妈学习交流。随着自身照顾宝宝的技能的增长，产后出现焦虑、烦躁，甚至恐惧的情况会随之减少，作为妈妈也能够更加胜任新角色，变得更加自信。

误解二 自己的宝宝应该是理想中的完美宝宝。在宝宝还未出生时，大多数妈妈都会想象着他们的宝宝出生后将会是什么样的。而当宝宝出生后，有时难以安抚，饮食不佳，甚至哭闹得妈妈难以好好休息。面对这样并不"完美"的宝宝，新手妈妈会感到难以适从。但实际上，每个宝宝都是与众不同的，都有自己鲜明的个性特点，妈妈要了解自己的宝宝，并与他们共同成长。

误解三 必须成为一个完美的妈妈，不然就是个失败者。新手妈妈在照顾宝宝的过程中经常会过于追求完美，一次小小的"失误"都会在妈妈的心中留下阴影，认为自己是一个"不称职"的妈妈。可是实际上，这样完美的妈妈并不存在，生活中总是会发生各种各样的意外状况，任何人想要在照顾新生宝宝的过程中完全无差错，想要找到照顾宝宝与家务、工作之间的平衡点都绝非易事。

被这些错误观念支配的新手妈妈，更容易出现不安与焦虑，值得我们加以关注。这种认知上的偏差，往往会影响我们对周围事物的看法与情绪。克服这种不正确的认知观念，将会对预防和缓解产后抑郁症有很大的作用。

（三）出现了产后抑郁症该怎么办

不安、无望、伤心、焦虑、易怒、疑虑、情绪不稳定、注意力无法集中、睡眠和饮食出现问题，这样的产后抑郁症状并不可怕。当新手妈妈感觉自己可能已经出现了类似的症状时，不要逃避或遮掩问题，而应该积极寻求帮助。这时来自配偶或其他重要家人的支持，以及积极的自我调整都十分重要。

出现了类似产后抑郁症的症状的新手妈妈可以：

·**学会照顾自己，确保自己的基本需求得到满足。**照顾宝宝的过程有可能会让新手妈妈在体力上受到考验，加之新生宝宝的作息不太规律，会让新手妈妈难以获得充足的休息。因此，新手妈妈要保证自己能够有充分的休息时间，当宝宝入睡时，新手妈妈也可以去补睡一下。此外，要确保自己有营养丰富的合理饮食以及良好的健康习惯，比如多吃一些水果、蔬菜和谷物，适度进行身体锻炼等。

·**积极向配偶、家人、朋友寻求帮助。**当自己难以照顾宝宝时，新手妈妈需要及时请求周围人的帮助。比如和配偶分担夜间喂养的工作、请月嫂或家人帮忙准备食物及处理家务、出现育儿问题时及时寻求周边有经验者或专业人员的解答与帮助等。

·**主动与配偶或他人分享自己的感受。**当新手妈妈出现了不安、焦虑等负面情绪时，可以适时与配偶交流，确保他知道你的不安与困扰；或者与一个值得信任的朋友（尤其是有过类似感受的妈妈）谈一谈你当即的感受，在倾诉的过程中往往就能够得到共鸣与慰藉。

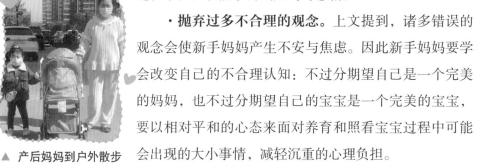

·**抛弃过多不合理的观念。**上文提到，诸多错误的观念会使新手妈妈产生不安与焦虑。因此新手妈妈要学会改变自己的不合理认知：不过分期望自己是一个完美的妈妈，也不过分期望自己的宝宝是一个完美的宝宝，要以相对平和的心态来面对养育和照看宝宝过程中可能会出现的大小事情，减轻沉重的心理负担。

▲ 产后妈妈到户外散步

三、谈一谈新手爸爸应该扮演的角色

在过去的传统观念中，养育和照看宝宝很大程度上是妈妈的专职工作，而爸爸的角色则主要是外出赚钱、养家糊口，偶尔与宝宝玩耍一番。但实际上，爸爸的育儿角色比上述所言要宽泛得多。

（一）与妈妈共同承担育儿任务

首先，爸爸和妈妈一样，都是0—3岁婴幼儿的主要照料者，应该与妈妈共同分担育儿过程中的事务和压力。比如，新手爸爸应该主动和妈妈共同承担育儿任务，协助妈妈完成喂养，共同完成安抚、清洁等；同时也应该理解妈妈在分娩后所遇到的一系列情绪性问题，并力所能及地化解或疏导妈妈的情绪。

▲ 开心带娃的二孩父亲

（二）与宝宝互动游戏的最佳人选

除此之外，爸爸还是与宝宝互动游戏的最佳人选。一项发表在《婴儿心理健康杂志》的研究结果显示，出生后几个月内有爸爸陪伴玩耍的宝宝，在今后

的成长过程中学习速度较快、认知表现较好、情绪稳定度也较高。在早期阅读活动中，当宝宝早期与较冷静沉着且性格细腻的爸爸互动时，他们的专注力、解决问题能力、语言能力和社交能力都更好。这表明在 0—3 岁阶段，爸爸的陪伴有助于婴幼儿智力的

▲ 爸爸和宝宝一起互动游戏

发展。牛津大学最近的一项研究也发现，爸爸对宝宝的成长参与度越高，宝宝之后在青少年时期出现的问题行为会更少，可见爸爸对宝宝有非常重要的正面影响。

（三）新手爸爸也可能有"产后抑郁症"

▲ 爸爸给宝宝过生日

当宝宝降临后，除了新手妈妈可能出现产后抑郁症的症状外，近些年的调查显示，近六成的新手爸爸也会出现产后抑郁症的症状，其中最为常见的表现是抱怨生活琐碎、容易烦躁、易怒等，抑郁心境严重的新手爸爸也会表现出冷漠、完全不想抱孩子、不愿与孩子亲近或玩闹等，其中有一些还会以加班为借口来逃避家庭、远离孩子。很多参与调查的新手爸爸表示，宝宝的降临意味着家庭开支的增大以及花费很多的时间与精力来照顾宝宝，这都使他们颇感压力。加之有些人认为这样的心理状态难以启齿，经常会将抑郁的心情压抑在自己的心里，但往往适得其反，会使心中的抑郁愈加严重。对于这些有抑郁心境的新手爸爸而言，学会适当放松、转移关注点、找人倾诉宣泄等都是很好的缓解方法。

PART 3　第三部分　隔代教养的"是与非"

随着社会结构的转型，我国女性参与劳动的比例逐年升高。由于爸爸妈妈

白天都要出去工作，所以日间的育儿任务通常就会交由祖辈。这种祖辈代养模式是我国当前社会非常普遍的现象。上海市教育科学研究院的一项近期调查结果显示，高达84.6%的祖辈会参与照顾宝宝的事务。可见由祖辈和父辈联合起来的教养模式已经成为我国当前养育0—3岁宝宝的一种十分常见的现象，甚至还会经常看到一些祖辈全权包揽宝宝的养育照顾任务的情况。

一、隔代教养的优势

在社会转型的大背景下，年轻的爸爸妈妈迫于生活与工作上的压力，无暇照顾子女。这个时候由（外）祖父母帮忙照看宝宝，对于爸爸妈妈来说，实则是减轻了不少后顾之忧。他们可以把更多的精力放在工作上，为孩子与家人创造更好的生活与教育环境。与此同时，祖辈往往退休在家，有充足的时间和精力，并乐于照顾孙辈。因此在某种程度上，祖辈更愿意花费时间，也能更加细致地投入到照顾宝宝的工作中。

▲ 宝宝和祖辈一起逛商场

祖辈在教养照顾子女这一代时，已经积累了较为丰富的育儿技能与经验，相对于初为人父人母的新手爸爸妈妈而言，这些经验尤为宝贵。当爸爸妈妈对宝宝的状况无从下手时，特别需要来自祖辈的帮助与建议。

除此之外，祖辈在照顾养育宝宝的时候往往非常有耐心，喜欢和孩子玩乐沟通，大多数的宝宝也喜欢与爷爷奶奶、外公外婆在一起。这种祖辈与孙辈之间的"祖孙情"是一种特别的情感联结，这种和谐的家庭关系，会为宝宝创造一个温暖的家庭情感环境，对宝宝今后的成长也大有益处。

二、隔代教养的弊端

由祖辈和父辈联合起来的养育照看模式却总会出现或大或小的问题，有时甚至还会引发家庭矛盾。我们经常会看到一些拥有科学育儿观念的爸爸妈妈对祖辈的某些不够科学的养育照看行为责备求全，而祖辈难免会因此心怀委屈与不满，这种由于教养观念的不同而引发家庭矛盾的现象比比皆是。

祖辈带娃的常见问题大盘点

祖辈带娃的隔代教养模式容易出现哪些问题呢？快来对应一下有没有中招！

1. 过分溺爱宝宝。绝大多数的祖辈都会将宝宝当作是自己的心头肉，这样小心翼翼、无微不至的关爱照顾很容易让宝宝失去自己探索世界的能力。如有一些祖辈看到宝宝把东西往嘴巴里送的时候，会立即把东西从宝宝手中拿走，孰不知这正是宝宝在用嘴巴探索周围事物；宝宝明明已经学会了走路，但是出于担心宝宝不安全也要随时抱着等。另外，无条件满足宝宝要求的祖辈也很常见，这很容易使宝宝缺乏独立性，遇到事情时只会依赖成人。

2. 将旧有的思想观念带到对宝宝的教育上。祖辈小时候的年代与现今宝宝生活的年代相隔久远，所以有一些祖辈在带养宝宝的时候，会将旧有的一些生活方式、行为习惯传递给宝宝。甚至有一些祖辈还会有一些迷信的观念，并将这种观念传递给宝宝，这更是对宝宝不利的引导。

3. 用经验代替科学。祖辈往往认为自己养育宝宝的经验丰富，所以自然而然地就把自己过往养育孩子的经验带到祖辈教养中。可有时这种教养观念难以与时俱进，会出现"经验"和"科学"相反的情况，比如在"宝宝头顶的奶痂应不应该清洗""应不应该给宝宝把尿""宝宝什么时候可以开始吃辅食"等类似的问题上，父辈与祖辈经常会持有不同的想法，在沟通不利的时候难免会引起家庭纠纷。

在0—3岁婴幼儿的日常照顾上，一方面，一些祖辈缺乏科学的教养知识和技能，重"养"不重"教"，这会使得0—3岁婴幼儿往往得不到更加全面的照顾与发展；另一方面，祖辈挑起照看孙辈的重任，实则也是对体力的一种考验，加之自己的教育观念得不到子女的认可，祖辈往往会感觉力不从心。

在这里不得不强调的是"隔代教养不能取代亲职教养"。有很多在年幼时缺少爸爸妈妈陪伴的成人表示，因为缺少这种陪伴，直到长大后自己还会对爸爸妈妈有所埋怨。亲职教养的缺失会导致十分严重的后果，不仅会让孩子与父母之间的情感变得疏离，而且在隔代教养弊端的影响下，孩子会缺少应有的独立性与创新性，有些孩子还可能变得十分任性或者孤僻。爸爸妈妈绝对不能忽视在0—3岁阶段与宝宝共处的宝贵时光。

三、隔代教养如何实现"双赢"

▲ 外婆带着宝宝在户外玩耍

家庭教育对0—3岁宝宝的成长发展起着非常重要的作用，而好的家庭教育不能缺少了任何一位家庭成员的参与，这里不仅包括宝宝的爸爸妈妈，还应该包括宝宝的爷爷奶奶、外公外婆，以及其他重要家庭成员。虽然在养育照顾宝宝的问题上，两代人的观念可能会不尽一致，但是如果能够做到以下几点，实现隔代教养中的"双赢"也不见得没有可能。

（一）父辈与祖辈间要多沟通多交流，做到养育观念上的统一

就宝宝的养育与照顾而言，两代人之间存在观念上的分歧十分常见。出现了观念分歧时，父辈与祖辈最好都能够多站在对方的立场上想问题，彼此之间多沟通多交流，相互取长补短，共同寻找一个更利于宝宝发展与成长的教养平衡点。

两代人在沟通时，掌握一定的沟通技巧也很重要。在沟通之初，爸爸妈妈要尽可能率先表达出自己对老人能够帮助照顾宝宝的感谢，而祖辈也要尽量站在子女的角度上表示理解，在对彼此感谢与理解的基础上慢慢切入正题。在谈及对宝宝的养育与照顾方式时，爸爸妈妈要引导自己的父母多学习新的科学育儿知识，接受新的科学教养理念，尽量多举例子，摆出专家所说的科学育儿建议，帮助祖辈抛弃原有的不够科学的养育照顾方法，收获更有利于宝宝成长与发展

的科学育儿观念，做到祖辈与父辈之间的养育观念统一。

（二）父辈与祖辈应"各司其责"，宝宝的养育不能由祖辈全权代劳

爸爸妈妈请祖辈参与宝宝日常的教养与照顾，并不代表爸爸妈妈可以甩手不管，完全放手将宝宝交给祖辈是一种不负责任的表现。对于0—3岁宝宝的成长与发展而言，爸爸妈妈永远是宝宝家庭教育的核心。如果爸爸妈妈没有条件一直陪伴在宝宝身边，也应该在工作之余陪伴宝宝。比如日间工作时将宝宝交由祖辈照看，晚上下班后可以陪伴宝宝共度亲子时光，周末及节假日也抽出时间来陪伴宝宝成长。

另外一方面，祖辈养育与照顾宝宝过程中的关心与时长也要尽可能做到适度。对于父辈与祖辈不在一起居住的家庭来讲，非常不建议祖辈将宝宝带回自己家中数日或数月，完全代替爸爸妈妈照顾宝宝，这种长达数日或数月的亲子互动的缺失，很有可能会对宝宝与爸爸妈妈之间依恋的发展造成不可逆的影响。

（三）理想的家庭教育需要父辈与祖辈的共同参与

每一位家庭成员对0—3岁宝宝的成长与发展都有着不可替代的作用。爸爸妈妈与宝宝之间的互动质量决定着宝宝与爸爸妈妈之间安全型依恋关系的形成，影响宝宝未来在情绪、社会性、自我意识等方面的健康发展；在优质的亲子互动过程中，爸爸妈妈的表现还会潜移默化地影响宝宝在语言、认知、思维等方面的发展。而来自祖辈、其他家庭重要成员与宝宝之间的互动，则丰富了宝宝周围环境的刺激，能促进其对外部世界的认知，温馨和谐的祖孙情谊也会增强宝宝心中的安全感，保障宝宝身心发育的全面、稳定、健康。

对于每一位爸爸妈妈、爷爷奶奶、外公外婆来讲，在宝宝的0—3岁阶段能与其拥有一段温馨美好的时光，都将成为一段十分美好的回忆。宝宝能够全面健康地成长发展、拥有一个高质量的人生开端，是所有家庭成员共同的目标。家人之间多沟通与交流，在教养观念上保持科学性的统一，努力承担起宝宝成长与发展中的重要角色，共同参与宝宝的成长与发展，将是实现优质家庭教育的不二法则。

0—1岁

第一章
新生儿的发展特点与家庭教养指导策略

一、动作发展

新生儿的神经系统发育还不成熟，尚不能有意识地控制自己的动作，因此宝宝的动作经常会呈现出漫无目的且不甚协调的状态。新生儿期间宝宝出现的这些无特定意义、不受意识控制的动作被称为原始反射动作。

▲ 新生儿

新生儿阶段的原始反射动作种类有很多，具体可以分为生存反射、全身性反射和四肢性反射等。这其中有一些反射动作会伴随宝宝一生，也有一些反射动作会随着宝宝神经系统的成熟而逐渐消退。

生存反射

吞咽、排泄、眨眼、呕吐、打呵欠、咳嗽等与宝宝生存有关的动作是宝宝一出生时便具有的最基本的生存反射，这些反射动作会持续一生。

除此之外，当宝宝的口唇部位碰到乳头的时候，宝宝便会自动张开嘴巴、做出吸吮的动作，这种与宝宝生存有关的反射动作叫作吸吮反射，吸吮反射一般会存在4个月左右的时间。如果妈妈用乳头轻轻触碰宝宝的脸颊，会发现宝宝能自动找到乳头的位置并进行吸吮，这便是另一种新生儿常见的生存反射——觅食反射。觅食反射和吸吮反射是一组配套的生存反射动作，随着宝宝神经系统的成熟，这两种无意识控制的反射动作会逐渐被主动的意识动作所替代。

全身性反射包括惊跳反射、强直性颈部反射、踏步反射和游泳反射等。

当新生儿遇到突然刺激，如较大的声响、疼痛、身体失去支撑等时，会引起一种全身性的反射动作——惊跳反射。这种反射动作表现为宝宝头向后仰、背部微弓、身体扭动、双臂向两边伸展后再慢慢向胸前合拢。惊跳反射是脊髓的一种固有反射，一般在宝宝出生后 4 个月左右就会消失，若宝宝 9 个月之后仍出现惊跳反射，则有可能是大脑慢性病变的信号，需要家长提高警惕，及时就医。

强直性颈部反射是新生儿的另一种全身性反射动作，又被称为不对称颈紧张反射，这种原始反射能够阻止宝宝由仰卧向俯卧翻滚或由俯卧向仰卧翻滚。具体表现为当宝宝仰躺的时候，宝宝会将头部转向一侧并将其下颌靠在肩膀上，与此同时宝宝会伸出与头部转向方向一致的手臂和腿，弯曲另一边的手臂和腿。强直性颈部反射一般在宝宝出生后 3 个月左右消失，如果宝宝到了 5—6 个月之后，这种反射依旧存在的话，很有可能是宝宝的脑部神经发育出现了异常，需要及时联系医生进行进一步检查。

当家长把宝宝头部支撑着竖着抱起，并把宝宝的脚放在水平面上时，一定会惊奇地发现宝宝会做出迈步的动作，这就是常说的踏步反射。这种反射动作的持续时间比较短，一般在宝宝出生 6—10 周左右的时候就会消失。

游泳反射也是一种新生儿常见的全身性反射，发生在把宝宝俯卧着放在水里时，宝宝会下意识地屏住呼吸，用双臂和双腿做出协调的游泳动作。4—6 个月之后，这种先天的游泳反射动作就会消失。

▲ 宝宝的握持反射

家长将一根手指轻放在宝宝的手掌心，宝宝会立即抓紧家长的手指，这种先天性的非条件反射被称为握持反射。宝宝抓握的力量在新生的一个月内非常惊人，力量大到足以承受宝宝自身的体重，即利用这种抓握的力量可以让宝宝在半空中停留几秒。但是随着宝宝的不断成长，这种握持反射会逐渐减弱，3—4个月之后就会被以自主抓握替代。

还有一种四肢性的反射动作——巴宾斯基反射，它与宝宝的脚掌有关：当家长接触宝宝的脚掌时，宝宝的脚趾会先舒展再弯曲。这种非条件反射动作的持续时间相对较长，可持续到2岁。但要注意，若该反射不对称出现或宝宝2岁后仍有巴宾斯基反射，则提示宝宝可能患有神经系统疾病，要及时就医。

二、认知发展

新生儿的认知发展主要体现在宝宝感知觉能力的不断发展上。宝宝刚一出生便会通过各种感官来获取周围照料者和环境的信息，比如宝宝能够辨别某些特定的声音，尤其对妈妈的声音特别敏感；宝宝喜欢注视对比鲜明的黑白几何图形、轮廓较大的爸爸妈妈的脸，目光甚至还可以短暂地跟随物体缓慢移动。

▲ 宝宝喜欢的对比鲜明的图案

心理小链接

新生儿具备的感知觉能力

视觉：

· 在较近的视野范围内（20—30厘米）注视人脸。

· 视线能够跟随距离较近的物体缓慢移动。

· 对快速接近自己的物体眨眼睛。

听觉：

· 喜欢轻柔的声音，如小声哼唱，能够被轻柔的声音和动作安抚。

· 能够辨别一些声音，相较于陌生人来说，更喜欢妈妈的声音。

· 1个月左右的宝宝能够辨别女性声音（妈妈）和男性声音（爸爸），并对不同的声音作出不同的反应，如目光凝视或转移、停止蹬腿或继续蹬腿等。

· 当听到突然、较大的声响时，会出现惊跳反射。

其他感知觉：

· 能够辨别一些味道，喜欢母乳的味道。

· 具有敏锐的嗅觉，想远离浓烈、难闻的气味。

三、语言发展

新生儿阶段，宝宝的语言发展尚处于准备阶段，无法开口说话，只能通过啼哭的方式表达自己的感受与需要。出生一周至一个月期间的宝宝就已经能够用不同类型的哭声来表达自己不同的需要，以吸引家长的注意。

心理小链接

你能读懂宝宝的哭声吗

新生宝宝不能够像成人一样用语言和家长交流，啼哭是宝宝表达感情、对外界刺激作出反应的重要方式，不同种类的哭声往往会传达宝宝不同类型的需求。作为家长，读懂宝宝哭声背后的含义是一项必备的技能。

1. 啼哭可能是宝宝的一种运动方式。

宝宝刚刚睡醒的时候，经常会伴有一些节奏性的哭声，这种哭声声音洪亮、音调柔和、不夹杂嘶哑的声音且持续的时间较短。这种哭声便是宝宝通过啼哭来舒张肺部并进行呼吸肌训练的一种方式，通常在很短时间内宝宝就会自动停止啼哭。

2. 啼哭可能是宝宝想要觅食的信号。

当宝宝哭声变得比较急促、节奏紧密的时候，很可能就是宝宝在传达"我饿了"的信号。这时候如果妈妈将自己的乳头或奶嘴放到宝宝的口唇部位，宝宝会立即停止哭泣并做出吸吮动作。

3. 啼哭可能是宝宝哪里感觉不舒服。

如果宝宝的尿布过湿没有及时更换、衣物过紧、感觉过冷或者过热，那就会发出"咿咿呀呀"且哭哭停停的哭声。这种哭声开始时一般不会很剧烈，家长只要及时地帮助宝宝解决引起不适的问题就可以了。但是如果家长对宝宝的哭声无动于衷，那么宝宝的哭声便会越来越大，由间断性的咿呀啼哭转变为连续性的大声啼哭。

4. 啼哭可能是宝宝生病了。

如果妈妈在给宝宝喂奶、换尿布后，宝宝的啼哭依旧不止，那么家长应该考虑宝宝是否生病了。此时不同类型的哭声能够为宝宝可能的患病类型作出前期推测，如宝宝的哭声嘶哑，则有可能是咽喉出了问题；若宝宝在哺乳时哭闹，则有可能鼻塞或患了口腔方面的疾病；若宝宝在排便前哭闹不止而在排便后停止哭声，则有可能是肠胃的问题等。当宝宝出现了突然性的大哭并安抚无效，且长时间持续的情况时，最稳妥的办法还是家长及时联系儿科医生，向专业人员详细咨询并配合检查。

四、情感与社会性发展

在新生儿生理功能逐渐完善的同时，其情感与社会性能力的发展也在与日俱进。在安全环境中成长的宝宝很快就会与主要照料者建立起情感依恋。

大部分宝宝在清醒的时候都喜欢被紧紧地抱着或被适度地抚摸，喜欢和照料者保持面对面的姿势，并能够与照料者保持短暂的目光交流。情感与社会性发展良好的宝宝会与爸爸妈妈以及日常照料者逐渐建立安全感和信任感，而在面对不熟悉的成人时会表现出紧张与不适。

▲ 妈妈的视角注视宝宝

宝宝在新生儿阶段还会表现出某些个性特征和气质特点，不同宝宝面对相似情景时的反应可能不尽相同。有些宝宝能够快速地建立起对新环境、新事物、新照料者的适应，而也有些宝宝相对比较慢热，需要较长的时间才能建立起新的适应。面对自己独一无二的宝宝，爸爸妈妈要给予耐心和关爱，帮助宝宝建立起与自己之间安全的情感依恋。

▲ 新生儿和姐姐在一起

新手妈妈如何在产后进行心理调适

来自家长的困惑

　　我是一个新手妈妈，宝宝的诞生原本应该是一件值得令人高兴的事情，但是我的心中经常也会闪现出一种失落感，我自己也没有办法解释这种感觉。而且每当宝宝哭了、宝宝不配合喝奶的时候我都很焦虑，我认为我可能不是一个称职的妈妈。宝宝出生后，我的情绪也变得阴晴不定，我都不知道自己为什么会变得无法控制自己的情绪。请问我到底该怎么适应妈妈这个新的社会角色呢？我该怎么办？

专家解答

　　这一问题我们已在上文中有所提及，新手妈妈在宝宝出生后面临着生理和心理上的种种不适，出现焦虑感、挫败感、失落感，甚至抑郁感，这是一个比较普遍的问题。睡眠不足、照顾宝宝过于疲劳、分娩前心理准备不足、缺乏社会支持等原因都可能让妈妈存在心理不适。但是要相信只要在自己积极的心理调适以及家人的共同支持和努力下，新手妈妈一定能够走出这种心理不适，积极乐观地迎接每一天。

　　当新手妈妈认为"自己的能力不够""无法照顾好宝宝""不

是一个称职的妈妈"，即出现了种种挫败感时，首先要明确实际上所有妈妈在照顾宝宝的过程中都会遇到困难，可以通过学习育儿知识、询问长辈、与养育过宝宝的朋友交流等方式尽可能地解决自己在养育宝宝过程中遇到的困难。除此之外，家人的支持与鼓励也极为重要，家人可以通过各种鼓励的话，如"宝宝喜欢你""宝宝和你最亲了"等激励新手妈妈。

当宝宝出生后，家庭关注的中心会由原本怀着宝宝的妈妈转移到宝宝身上，这种转变带来的忽视在一定程度上是让新手妈妈感到失落的原因。因此这个时候，家人（尤其是爸爸）一定要多关心妈妈，在照顾宝宝的同时也要顾及妈妈，和妈妈共同承担照顾宝宝的任务，让妈妈能够有充足的睡眠、多与妈妈交流沟通等也能够帮助妈妈缓解心中的负面情绪。家人之间的相互理解、鼓励、支持对新手妈妈来说是非常重要的。

很多妈妈会在产后出现抑郁症状或者抑郁倾向，表现为持久的情绪低落、易流泪、对事情提不起兴趣、易疲倦、入睡困难、食欲下降等，产后六周是产后抑郁症的高发期，需要妈妈以及家人格外关注。如果妈妈的这种抑郁倾向比较严重，并且持续了两周或以上还没有好转，则建议妈妈能够对自己抑郁的情况进行筛查确诊，并及时请求专业医生的帮助。

总之，帮助妈妈顺利度过产后的心理不适感需要全家人的共同努力，一方面，妈妈要积极主动地寻求心理支持和帮助；另一方面，爸爸和家人也要能够站在妈妈的角度换位思考，理解妈妈并给予最大程度的支持与鼓励。

PART 2 第二部分 新生儿的家庭教养指导策略

一、新生儿的养育建议

新生儿阶段的宝宝对周围环境的要求很高，需要家长格外重视，并用心为宝宝打造一个既能保护其安全健康成长，又能促进其发展的高质量生存环境。

（一）新生儿的生长保健

新生儿的体重是衡量宝宝生长发育的重要标志，我国新生儿出生时的平均体重为 3 000 克左右，在 2 500—4 000 克内的新生儿均属于正常范围。宝宝出生后家长应定期为宝宝称体重、测头围、量身长，以便及时地掌握宝宝的生长状况。

值得注意的是，在新生儿出生后的最初几天，由于胎粪的排出、胎脂的吸收，以及新生儿的吸吮能力较弱，可能会出现暂时性的体重降低的现象。尽管如此，大多数足月的宝宝在 10 天之内都会恢复体重，并开始正向增长。若宝宝出生后两周内都还没有恢复至出生时的体重，那么家长就应及时寻找原因，如喂养是否得当、妈妈奶水是否充足等，稳妥起见也要及时咨询专业医生。

▲ 新生儿

（二）喂养保健

母乳中含有新生儿所需的各种营养物质，母乳喂养也是新生儿喂养方式的首选。世界卫生组织和联合国儿童基金会最新指出，宝宝在出生后 20—30 分钟时的吸吮反射最强，因此建议妈妈能够在分娩后的 30 分钟内给宝宝开奶，即使没有乳汁也可以让宝宝吸一吸。宝宝的吸吮不仅能够建立妈妈的催乳反射和排乳反射，促进乳汁的分泌，还有利于子宫收缩，促进恶露排出。同时，宝宝出生后与妈妈接触越早，对宝宝的心理发展越好。

母乳喂养一般可以满足 6 个月内婴儿的营养需要，与此同时，母乳喂养也存在诸多好处。

育儿
小百科

母乳喂养的好处

宝宝方面：

· 母乳内含免疫球蛋白 A（IgA），亦含少量的免疫球蛋白 M（IgM）

和免疫球蛋白G（IgG），可以增强宝宝的抵抗力，降低生病的可能性。

· 含有双歧因子和低聚糖，可刺激肠道双歧杆菌生长，以阻止肠道成为致病细菌聚集生长的场所。

· 铁的吸收率较高，降低产生贫血的概率。

· 较少发生钙磷失调的情形。

· 较易消化。

· 减少过敏性疾病、儿童肥胖的发生。

妈妈方面：

· 有利于建立亲子关系。

· 减少在经济上的支出。

· 促进产后子宫收缩，预防产后出血。

· 降低停经前罹患乳腺癌的概率。

· 降低特定形式卵巢癌的比例，保护妈妈的健康。

· 降低六十五岁以上骨质疏松以及髋部骨折的概率。

· 消耗多余脂肪，促进体形恢复。

· 抑制排卵，可能有助于推迟再次妊娠的时间。

家庭方面：

· 经济。

· 方便。

· 母乳温度适宜。

· 减少婴儿食物被污染的机会。

对于新手妈妈而言，掌握一定的母乳喂养技巧是很有必要的。首先，在进行母乳喂养之前切记要洗净双手，以免将细菌带给宝宝或感染乳头；在选择舒适的喂奶姿势的同时需要保证宝宝处于清醒状态，有饥饿感，并已更换干净的尿布。正确的喂奶姿势有斜抱式、卧式、抱球式，无论采用哪种方式，都要让宝宝的头颈部支撑好，让宝宝的头和身体呈一条直线，使宝宝身体贴近母亲，让宝宝头部和颈部得到支撑。随后宝宝贴近乳房，鼻子对着乳头，正确的含乳姿势是宝宝的下颚贴在乳房上，嘴张大，将乳头及大部分乳晕含在嘴中，宝宝下唇向外翻，嘴上方的乳晕比下方的多。在吸吮时节奏慢而深，能听到吞咽声，这表明接含乳姿势正确，吸吮有效。结束哺乳的时候，妈妈可以用手下压乳房，让空气进入宝宝口内，再用手指轻轻压宝宝的嘴角，将乳头慢慢抽出。

许多宝宝在喝母乳的时候会吸入一些空气，因此在哺乳结束之后要注意及时帮宝宝排气。排气的三种基本方法如下。

方法一 妈妈肩膀上放一小块布巾（目的是为了防止宝宝排气时因溢奶而弄湿衣服），让宝宝侧脸（避免宝宝窒息）靠在妈妈的肩膀上，一只手托住宝宝的屁股给予支撑，另一只手弓着手掌轻轻帮宝宝拍背。

方法二 一只手托住宝宝的下巴和前胸，让宝宝呈垂直坐姿，另一只手弓着手掌轻轻帮宝宝拍背。

方法三 一只手托住宝宝的腋下，另一只手弓着手掌轻轻帮宝宝拍背。

母乳中成分你知道多少

前奶：这部分母乳富含蛋白质、乳糖、维生素和矿物质，对婴儿骨骼和大脑发育很有好处。其中饱含后叶催产素和水分，既会影响妈妈，也会作用于宝宝。在哺乳时，妈妈可以完全放松下来，也可以让宝宝安静下来。

后奶：这部分母乳黏稠且呈奶油状，脂肪含量高，可以促进婴儿体重的增长。

对新生儿来说，喂养的时间以及频率并没有固定的要求，一般只要宝宝通过哭声传递想吃奶的信号，就可以进行喂养，这被称为按需喂养。随着月龄的增长，宝宝可逐步建立自己的进食规律，此时可规律性喂养，每3—4小时一次，每日约6—8次，允许奶量有波动，避免采取不当方法刻板地要求宝宝摄入固定的奶量。

（三）日常护理

新生儿对外界的温度变化十分敏感，过大的温度变化会引起宝宝的不适，因此家长在进行新生儿的日常护理时需要将室内温度保持在25—28摄氏度之间，而湿度在45%—70%之间则较为适宜。除了保证室内环境的温度及湿度外，还需要保证室内环境的空气质量良好及自然光线适宜。

脐带护理

新生儿的免疫功能较弱，因而在进行护理的时候必须格外细心、科学。宝宝出生后，医护人员会用止血钳夹住脐带并进行脐带结扎。通常宝宝出生后1到2周后脐带会萎缩成干枯状，变黑，之后渐渐脱落，约2到4周就能够完全愈合了。

宝宝脐带护理的重点是要保证脐带的干燥与清洁。若在照顾宝宝的过程中，脐带不慎被浸湿，家长需要及时用干净的棉签将脐带擦拭干净。若宝宝的脐带处有分泌物，家长最好能够定期及时地用碘伏在脐带附近进行清洁擦拭，直到脐带部位完全清洁、干燥。

在宝宝的脐带尚未脱落的时候，家长给宝宝穿戴尿布、喂养、洗澡时要格外注意，尽量避免使脐带部位受到摩擦，也不要随意地在宝宝的脐带部位涂抹护肤霜，以免造成宝宝脐带不易愈合，甚至感染。

洗澡

新生儿的新陈代谢旺盛，汗腺也很发达，因此建议家长应该视情况每天为宝宝洗一次澡，炎热的夏季可以每天洗两次，而寒冷的冬天也可以两三天洗一次。洗澡时需要保证室温以及水温在适宜的范围内，水温通常以接近宝宝的体温为宜，约37摄氏度或稍高一点（一般不超过40摄氏度），家长可以在洗澡前先用手肘进行试温。洗澡时间以两次喂奶之间或喂奶前为宜，这样可以避免宝宝在洗澡过程中出现溢奶的现象。为宝宝洗澡的时间不宜过长，每次约5—10分钟为宜，以防宝宝在洗澡的过程中着凉。

什么情况下不宜给宝宝洗澡

新生儿的免疫能力较弱，当宝宝患有某些疾病时不宜给宝宝洗澡。

· 当宝宝出现发热、咳嗽、流鼻涕、腹泻等疾病时，给宝宝洗澡要格外注意，以防因为受凉而加重病情。

· 当宝宝有皮肤烫伤、水泡破溃、皮肤脓包等皮肤损伤时，要避免给宝宝洗澡。

· 当宝宝有肺炎、缺氧、呼吸衰竭、心力衰竭等较为严重的疾病时，更要避免给宝宝洗澡，以防在洗澡过程中因发生缺氧而导致生命危险。

在家长准备给宝宝洗澡之前，除了保证室内温度及水温适宜之外，还要事先准备好柔软且吸水性好的以棉织品为主的洗澡小毛巾、干净衣物、纸尿裤、浴巾等。在洗澡时，从宝宝的头部开始清洗，再清洗前身和背部。宝宝在洗澡过程中所使用的洗发液、婴儿皂、抚触油等应当没有刺激性。

给宝宝洗澡的步骤

准备合适的温水：先放冷水再放热水，水温控制在接近宝宝体温的温度，即37摄氏度至40摄氏度左右。

清洗头部：用一只手手掌托住宝宝头部，用手肘夹住宝宝的身体，将其置于手臂内侧并贴近自己，另一只手为宝宝清洗，这一姿势被称为"橄榄式抱法"。接着，将浸湿的毛巾拧干后从宝宝的鼻外侧、眼内侧到外眼角开始擦洗眼睛，再用干净的毛巾擦洗鼻部与耳朵的外部和后部，之后用毛巾轻轻擦拭宝宝的额头、脸颊、下颌、颈部，最后再用温水轻轻擦洗宝宝的头部。注意每洗好一个部位之后都要更换一块干净的湿毛巾。

清洗前身：洗澡盆底部可放置一块柔软的毛巾，用一只手的手掌支起宝宝的颈部、手指指根托起宝宝的头部，另一只手抓住宝宝的双脚慢慢放入洗澡盆中，让宝宝的头部高出水面。清洗的步骤一般为从颈部到胸部、腋下、双臂、双手、腹部、双腿、双脚，以及生殖器。清洗的过程可由两个成人配合完成，同时在洗澡时需特别注意宝宝的颈部、腋下、腹股沟等皱褶处是否有红疹或脓疱的现象。

清洁背部：将宝宝的背部朝上，右手托住宝宝的左手臂与颈部，从后颈到背部、臀部进行清洗。

清洗结束：清洗结束后应立即抱起宝宝，并用干净、柔软的浴巾将其全身擦干，换上干净的衣服。

为新生儿洗澡不仅能够使其清洁、舒适，还可以借此机会观察宝宝的自主运动以及全身状况，发现问题及时咨询医生。除此之外，给宝宝洗澡还是一种极好的亲子互动，可以增进亲子关系。

亲职大学堂

宝宝的奶痂应该如何处理

来自家长的困惑

我们家宝宝快一个月的时候，头皮上结了一层厚厚的黄白色奶痂。家中老人说这种奶痂是保护宝宝头皮的，不能进行清洗，这样的说法正确吗？宝宝头上的奶痂真的不能洗吗？

专家解答

老一辈的这种说法是没有科学依据的，宝宝头上的奶痂并没有保护宝宝头皮的作用，奶痂过长时间不清洗，不仅会产生一股酸臭味，而且不美观，还会造成宝宝的不舒适。所以还是建议家长及时帮助宝宝清理奶痂。

如果宝宝已经结了比较厚的奶痂，这个时候一定不能够用指甲抠或者用梳子刮，这样会对宝宝的头皮造成二次伤害。正确的做法是使用婴儿抚触油或植物油均匀地涂抹在宝宝头皮的结痂处，等待半小时左右，再用温水清洗头部。

新生儿阶段，宝宝大部分的时间都是在睡眠中度过的。一般而言，新生儿每日需要 16 小时至 18 小时左右的睡眠，其中夜间的睡眠可持续 3—4 小时，而日间每次睡眠大概在 2—3 小时左右。

良好的睡姿不仅能够有效降低婴儿猝死综合征的风险，还有利于头颅的发育。比较理想的睡姿是仰卧或者侧卧，这样可以避免对宝宝胸肺部造成压迫。宝宝侧卧时，家长要注意让宝宝左右交替侧睡，以防出现偏头、歪脖的现象。

▲ 新生儿大部分时间在睡觉

什么是婴儿猝死综合征

婴儿猝死综合征（简称 SIDS），也称"摇篮死亡"，系指外表似乎完全健康的婴儿突然意外死亡。目前医学界尚未有确切证据证实婴儿猝死是由某种特定原因引起的，常见的引起婴儿猝死的原因包括脑部缺陷、免疫系统异常、新陈代谢紊乱、呼吸调节机制发育不足、心跳失调等。

睡眠环境是对宝宝产生威胁的一个重要因素，有研究表明俯卧睡姿会增加婴儿猝死的风险，睡眠环境过热也容易导致婴儿猝死。

预防婴儿猝死的现象，很关键的一点就是要保证宝宝睡眠环境的安全。首先建议宝宝选择侧卧或仰卧的睡姿；尽量避免与父母同床睡；家长还应把所有有可能引起窒息的物品拿走，比如毛毯、毛绒玩具、防撞护垫等；宝宝睡觉的床也不要太软；最后还要保证宝宝睡眠时的室内温度适宜，不要让宝宝睡觉时过热。

除了睡眠、喂养等时间之外，新生儿每日还会有一些清醒的空闲时间。家长可以利用这段时间，和宝宝进行一些高质量的亲子互动，比如抱着宝宝轻声说话、唱歌等，这种互动对宝宝的听觉、视觉以及大脑神经的发育都有很大好处。

新生儿的抱法通常可分为手托法和腕托法两种。

手托法 左手托住宝宝的背部、颈部和头部，右手托住宝宝的腰部和臀部。

腕托法 轻轻将宝宝的头放在左手臂内侧关节处，左小臂护住宝宝的头部，左手腕和左手掌支撑宝宝的背部和腰部，同时右手臂支撑起宝宝的腿部，右手支撑宝宝的臀部和腰部。

（四）疾病预防与护理

新生儿的部分器官功能尚未发育完全，神经中枢的一些调节功能也尚未成熟稳定，加之免疫系统相对较弱，稍有照顾不周就极有可能引发疾病，对此家长应该格外注意宝宝生活环境的适宜性，并每日对宝宝进行观察。若发现宝宝出现了精神萎靡、拒绝吃奶、体温过高或过低等异常状况，应该及时寻求医护人员的帮助，积极配合检查、治疗。

疫苗接种

疫苗接种，是将疫苗制剂接种到人或动物体内的技术，使接种者获得抵抗与疫苗相似病原的免疫力，借由免疫系统对外来物的辨认，进行抗体的筛选和制造，以产生对抗该病原或相似病原的抗体，进而使接种者对该疾病具有较强的抵抗能力。每个宝宝到了预防接种时间，家长都应按时带他去当地医院进行预防接种。

新生儿必须接种的一类疫苗为：

出生当天 乙肝疫苗—第一针；卡介苗。

体温过高或过低

新生儿的体温调节中枢尚未发育成熟，其体温极易受到外部环境的影响。为了能够准确地了解宝宝的体温是否处于正常范围内，家长最好每天都能够给宝宝测量体温。一般来说，新生儿的正常体表温度为36—36.5摄氏度。若家长在给宝宝测量体温的过程中，发现宝宝的体表温度过高，则可能发热；若体温低于36摄氏度，则属于体温过低，均要引起重视，及时寻求医生的帮助。

周围环境温度过高可能会引起宝宝体温过高。所以当宝宝出现发热发烧的情况时，家长要第一时间检查是否是由于室内温度过高、宝宝身上穿的衣服过多、宝宝受阳光照射时间过久、宝宝离热源太近等原因，这种情况下家长只需要及时调整宝宝周围的环境温度即可，无需就医。

由于宝宝出汗、进奶量较少等原因引起的体内脱水也有可能造成宝宝出现"脱水热"的现象。这种"脱水热"造成的体温升高一般不会超过一天，如果宝宝长时间处于体温较高的状态，家长则要及时寻找其他可能的原因。

黄疸

很多宝宝出生后的三五天，皮肤和眼睛会变得有点黄，这是大多数宝宝都会经历的生理性黄疸。生理性黄疸出现的原因是宝宝出生时肝脏的功能尚未完全成熟，无法完全处理红细胞被破坏后产生的胆红素，留存在血液中的胆红素累积到一定程度，就会表现出宝宝眼睛、皮肤变黄的现象。

生理性黄疸一般不需要家长过于担忧，通常情况下新生儿的生理性黄疸会随着宝宝肝脏功能的逐渐成熟而消退，一周或两周的时间就会退尽。但如果宝宝出现了全身变黄、持续两周黄疸仍没有消退的情况，则表示宝宝体内的胆红素过高，难以代谢，需要及时就医治疗。

红臀

宝宝的肛门周围的皮肤出现发红、脱皮，甚至破溃的现象称为红臀，其主要原因是新生儿娇嫩的皮肤受到了尿液和粪便长时间的刺激。

预防宝宝出现红臀的有效方法是给宝宝勤换纸尿裤或尿布。每次给宝宝换纸尿裤或尿布时先洗手，再用温水清洗宝宝臀部并保持臀部皮肤的清洁干燥。在选择纸尿裤或尿布的时候，家长应选择吸水性良好的、柔软的、透气性好的纸尿裤或尿布。

新生儿肺炎

新生儿肺炎是新生儿期最常见的一种呼吸道感染疾病，需要家长格外加以重视。新生儿肺炎的主要症状包括宝宝哭声低、少哭或不哭、吃奶少或者拒绝吃奶、呛奶、咳嗽、呼吸浅短或不规则、出现呕吐或吐泡沫的现象等，宝宝的精神状态也因此变得萎靡或不安，严重的时候甚至还会呼吸暂停。在宝宝出现了疑似肺炎的症状时，家长必须立即带宝宝进行正规的检查，及时就诊。

新生儿脓疱疹

新生儿脓疱疹是一种新生儿常见的化脓性皮肤病、急性传染病，大多是因为宝宝接触了金黄色葡萄球菌或溶血性链球菌等有菌环境后感染所致的。最初表现为在宝宝身上出现针尖大小的红色斑点，后迅速发展为圆锥状或半圆凸起的水疱。当家长发现宝宝身上疑似脓疱的红色斑点时，必须及时就医确诊，并遵守医嘱积极配合隔离治疗。

腹胀、腹泻与便秘

当宝宝的腹部鼓胀、经常哭闹不止，甚至呕吐时，家长需要考虑宝宝是否出现了腹胀。宝宝出现腹胀的原因很多，主要和宝宝的消化系统发育不成熟和喂养过程中吞入气体有关，家长要及时地帮宝宝拍嗝，进行按摩腹部、飞机抱等处理。

新生儿在正常情况下平均每天会有 4 到 5 次左右的排便。如果发现宝宝出现排便次数增加且排出的粪便呈松散水状等腹泻症状时，家长应带宝宝及时就医。

宝宝便秘是指宝宝出现排便功能异常的表现，主要表现为排便次数减少或排便困难。面对这种情况时，家长可以先顺时针按摩腹部，多做被动操，若经过上述处理，问题仍得不到改善，应及时带着宝宝去看医生，寻求专业帮助。

（五）新生儿安全

新生儿极易受到意外伤害，因此家长一定要增强自身的安全意识，以保护宝宝的安全。在宝宝出生之前，家长务必完成关于新生儿急救以及心肺复苏的相关课程，并在宝宝出生后时刻注意安全问题的出现。比如前文提到过的为了降低婴儿猝死综合征的风险，建议宝宝选择侧卧或仰卧的睡姿；俯卧睡眠时身边一定要有家长监护；妈妈确定好合适的喂奶姿势，防止宝宝在喝奶的过程中窒息；奶粉喂养前一定要手腕试温且勿用微波炉加热奶瓶（微波炉通过食物分子振动产热，加热容易出现不均匀，使瓶口的温度与瓶中央温度不一致，容易烫伤宝宝）；多个成人合作为宝宝洗澡，并在给宝宝洗澡之前确认好水温，等等。

如何给宝宝进行心肺复苏

心肺复苏（Cardiopulmonary Resuscitation，简称 CPR）其实就是通过胸外按压和人工呼吸而使病人恢复心跳和呼吸的抢救方法。当宝宝出现了呼吸骤停的紧急情况时，家长需要通过立即的心肺复苏给予其基本生命支持，为接下来的治疗争取时间。

婴儿（0—1岁）与成人的心肺复苏相比，内容虽然相同，但是方法、位置以及频率都不尽相同，需要家长格外注意。具体方法如下：

·让婴儿仰面平躺在结实的平面上，并脱掉多余的衣物，使婴儿的头部轻轻往后仰。

·用一只手的两根手指放在宝宝两个乳头连线的中点与胸骨中线交叉点下方一横指的地方。

·垂直向下按压，按压深度至少为胸部前后径的1/3（对婴儿来说，幅度大约为4厘米；对儿童来说，大约为5厘米），频率为100—120次/分钟。

·对宝宝口对口地吹气，吹气量保持在能够使宝宝胸廓起伏的状态。按压与吹气的比例单人为30∶2，双人为15∶2。

亲职
大学堂

宝宝周围的环境要绝对安静吗

来自家长的困惑

我们家宝宝每天要睡18个小时左右，宝宝在睡觉的时候，如果我们大人在旁边用正常音量说话或者做些其他事情，会不会吵到宝宝休息呢？虽然我也发现宝宝实际上并不会因为我们的声音而无法睡眠，但是这样究竟会不会影响宝宝的睡眠质量呢？

首先，家长类似的担忧是没有必要的，新生儿在睡眠休息的时候并不会因为周围环境中的一些声音而受到干扰。对于成人来说比较大的声音对宝宝而言可能并不是很响。不仅如此，实际上新生儿在妈妈肚子里的时候，周围环境就从来不是非常安静的，周围有妈妈血管流动的唰唰声、妈妈心脏跳动的声音、肠胃蠕动的声音、说话的声音等。宝宝不仅能够适应现实环境中的声音，而且从这种声音中还能够获得安全感。

新生儿时期宝宝每日睡眠时间较长，家长可以在宝宝睡眠期间用正常音量说话或做一些其他的日常事情，但也要注意保护宝宝，避免使其听到突然、刺耳、太大的声音，此类声音严重的话甚至可能会对宝宝的听觉发展产生影响。

专家解答

二、新生儿的教育建议

虽然刚出生不久的宝宝大部分时间都在睡眠中度过，醒着的时间里还要完成喂奶、换尿布、洗澡等一些必要的事情，但是爸爸妈妈仍然可以利用短暂的时间与宝宝进行高质量的亲子互动，比如和宝宝聊天、给宝宝进行抚触等，如果在宝宝很小的时候就能够和爸爸妈妈进行这样的亲子互动游戏，将十分有利于宝宝多个方面的发展。

（一）动作方面

新生儿抚触

活动目标

1.按一定顺序触摸新生儿的身体，刺激宝宝感觉器官的发育，增进宝宝的神经系统反应。
2.增进亲子之间的情感交流，建立宝宝与抚触者之间的信任感。

| 前期准备 | 柔软的垫子、抚触油、换洗衣物、轻音乐等。 |

互动要点

1. 先确保房间的温度适宜，抚触者需要认真洗净双手，可以播放柔和的轻音乐作为背景。

2. 抚触者温暖自己的双手，可将婴儿抚触油倒在掌心，分散均匀，切记不可将抚触油直接倒在宝宝的皮肤上。

3. 采用先俯后仰的顺序，按照"后背—前额—下颌—头部—胸部—腹部—上肢—下肢"的顺序轻轻按摩。

4. 在给宝宝做抚触的过程中，抚触者可以与宝宝说话，促进亲子之间的情感交流。

温馨提示

1. 抚触的时长可以先从 5 分钟开始，后根据宝宝的情况可延长至 15—20 分钟，每日可进行 1—2 次。

2. 抚触过程中如发现宝宝有不适的现象，应该立即停止。

这里，这里

活动目标

1. 通过亲子游戏提高宝宝对周围视听觉刺激的敏感性，提高知觉能力。

2. 增强宝宝下颚的力量，为抬头做准备。

3. 增加宝宝与家长之间亲子互动的机会。

前期准备

柔软的垫子，颜色鲜艳且能够发出声响的玩具，如沙锤、响铃等。

2

互动要点	1.在家长的保护下让宝宝趴在柔软的垫子上,摇晃玩具吸引宝宝的注意,可配合语言"宝宝看这里,这里"。 2.1个月左右的宝宝头部大概能抬30—45度,保持10秒钟左右。 3.当宝宝累了,头垂下来的时候,可以让宝宝仰躺休息。
活动延伸	家长可视宝宝肌肉力量发展的情况增加游戏的难度:水平或垂直地缓慢移动玩具,让宝宝的视线能够追随玩具。这种做法不仅可以锻炼宝宝的肌肉能力,还能够增强宝宝信息收集的知觉能力。
温馨提示	该活动不适合在宝宝吃奶前后进行,以免引起宝宝吐奶。

（二）认知方面

	认识我们的家
活动目标	1.提供丰富的刺激,让宝宝的感知觉能力得到提升。 2.让宝宝对周围的环境、物品等产生兴趣,熟悉生活环境。 3.增加亲子互动的机会,提高宝宝与家长之间的亲密度。
前期准备	无。

互动要点	1. 家长可以在宝宝清醒的时候竖抱起宝宝，带着宝宝在家里慢慢走动参观，告诉宝宝看到的物品是什么，有什么用处。比如可以带宝宝到客厅或卧室里，和宝宝说"这个是电视机，我们可以通过它收看电视节目""这个是衣柜，我们用它来收纳衣物"等。 2. 和宝宝进行这个活动的目的不在于宝宝能够听懂家长话语的含义，而是在于让宝宝有机会接触更丰富的环境，给予宝宝更多视觉、听觉的刺激，促进宝宝感知觉的发展。
活动延伸	还可以尝试让宝宝接触一些除日常照料者之外的其他人，并告诉宝宝"这是XXX"。
温馨提示	竖抱宝宝的时候注意应给予宝宝头部足够的支撑，不要让宝宝的头后仰。

（三）语言方面

多和宝宝讲讲话

活动目标	1. 给予新生儿足够多的语言刺激，为宝宝语言能力的发展做准备。 2. 用不同声音和宝宝讲话可以训练宝宝的听觉能力，增加宝宝的听觉敏感性。

3.增加宝宝与家长之间的互动，提升亲子关系。

前期准备

无。

互动要点

1.尽可能多地和宝宝讲话。和宝宝讲话可以发生在除宝宝睡眠时的任何阶段，比如给宝宝换尿布的时候可以一边换尿布一边和宝宝说"让我看看宝宝的尿布湿湿了吗，哎呀，宝宝的尿布湿了，好臭臭呀""宝宝是不是有点不舒服呀，没关系，妈妈来给你换上新的尿布"等，讲话的语气可以夸张一些。

2.家长不要担心宝宝太小听不懂成人的话，虽然刚开始的时候宝宝很难理解语言内容的真正含义，但是随着多次的重复，宝宝会逐渐建立起语言与事物之间的联系，慢慢理解成人传递给他们的信息。成人的话语也能够作为刺激宝宝听觉的材料，促进其感知觉的发展。

◀ 妈妈和宝宝讲话，引起宝宝的注意

温馨提示

可以让不同的人用不同的声音和宝宝讲话或唱歌，如女性声音或男性声音、低音或高音等，这样可以促进宝宝分辨声音的听觉能力的发展。

（四）情感与社会性方面

	和宝宝聊天
活动目标	1. 通过家长与宝宝之间的"对话"，培养宝宝与人交流的意识。 2. 在亲子"对话"中，建立与宝宝之间的安全依恋。
前期准备	无。
互动要点	1. 家长在对宝宝讲话时，如果宝宝对家长说的话作出了回应，如发出声音、笑、张大嘴巴、挥动双臂或双腿等，家长也要及时给予宝宝回应。 2. 家长可以对宝宝微笑，或者用夸张的声调以"宝宝真棒""宝宝真乖"等回应宝宝。这样的"对话"可以使宝宝建立起早期社会性话轮转换的意识，为日后的人际交流做准备。

▲ 婴儿与他人互动、注视他人

三、新生儿的发展评价

当足月的宝宝不能达到下述指标时，应引起家长的高度重视，必要时应及时向儿科医生或保健专家进行专业咨询。

宝宝足月时的表现

1. 身长、体重和头围都较出生时有所增加。　　　是 ○　　　否 ○

2. 对突然性的巨大声响和强烈的光线表现
出惊觉或出现惊跳反射。　　　　　　　　　是 ○　　　否 ○

3. 能熟练地进行吸吮和吞咽。　　　　　　　　是 ○　　　否 ○

4. 两只手抓握的力量相同。　　　　　　　　　是 ○　　　否 ○

5. 当宝宝清醒时，能够和家长进行基本的
互动。　　　　　　　　　　　　　　　　　是 ○　　　否 ○

6. 仰卧或俯卧时，头部可以左右转动。　　　　是 ○　　　否 ○

7. 能够被家长安抚。　　　　　　　　　　　　是 ○　　　否 ○

8. 会留心听各种声音，能发出细小的喉音。　　是 ○　　　否 ○

第二章
1—3个月婴儿的发展特点与家庭教养指导策略

一、动作发展

宝宝出生1个月左右，对身体的控制能力会越来越好，反射性运动行为开始发生变化：强直性颈部反射和踏步反射逐步消失；觅食反射和吸吮反射发育良好；吞咽反射和舌头运动依旧不成熟；握持反射逐渐消失。

◀ 1个月宝宝的扭头动作

此时宝宝已经可以做一些简单的、主动的动作。这些动作分为与全身大肌肉活动有关的粗大动作和主要涉及手部小肌肉活动的精细动作。1—3个月宝宝的运动中一般含有粗大动作但不平稳，随着肌肉力量和控制能力的提高，粗大动作才逐渐平稳、更有目的性。

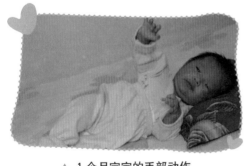

▲ 1个月宝宝的手部动作

▲　表2-1　1—3个月宝宝的动作发展

月龄	粗大动作	精细动作
1—2个月	▪ 俯卧时能将头抬起45度。 ▪ 俯卧时能短暂地使胸部抬离床面。	▪ 眼神能随移动的物品或人而移动。

月龄	粗大动作	精细动作
	▪ 能从侧卧翻至平躺仰卧。 ▪ 平躺仰卧时能伸缩腿，通常表现为类似踩踏或双腿交叉的动作，有时在伸展时用力踢腿。 ▪ 可凭借自身的力量移动整个身体，整体动作幅度明显增加，力量也明显增强。 ▪ 当被抱起时，头会向下垂，但是脖子会用力使头颈部保持竖直。	▪ 能短时间握住放在手里的玩具。 ▪ 喜欢尝试把手放进嘴里。
2—3 个月	▪ 俯卧时，能将头部抬起45至60度。 ▪ 被举起时能在空中踏步。 ▪ 仰卧时可凭借自身力量向左或向右侧卧，为学习翻身奠定基础。 ▪ 抱坐时头能保持稳定，但还不稳固，需要小心保护。 ▪ 开始逐步学习控制四肢，虽然还是经常无意识地挥舞手臂、踢蹬双腿，但有时也会控制手臂的活动。	▪ 眼睛可凝视自己的手及玩自己的手。 ▪ 能手握手。 ▪ 开始挥抓物品，但不一定总抓得到。

二、认知发展

1—3 个月宝宝的认知发展和动作发展是密切相关的。这一阶段宝宝的视力有所发展，能看清几米远的物体。但是当家长把奶瓶从婴儿床上拿走，或者将玩具藏在毯子下面时，宝宝便不再寻找它们了。对于1—3 个月的宝宝来说，看不见的东西就是不存在的。

心理小链接

1—3 个月宝宝具备的感知觉能力

听觉：

· 静卧睁眼时，若听到突然的声音会闭合眼睑。

·在哭闹或手脚活动时，听到突然的声音会停止哭闹或终止活动。

·已经可以分辨出不同声音并能作出对应的不同反应。例如，每当听见柔和悦耳的音乐时，会面露笑容并安静地倾听；如果听到发怒的声音，脸上就会露出恐惧不安的表情。

·睡眠中突然听到尖叫或刺耳的音乐（如摇滚乐、吹打乐等），会表现出全身扭动、手脚摇动等烦躁不安的样子。

·已经能辨别声源的方向，如果在宝宝看不见的一侧的耳边、距耳朵15厘米左右处，轻轻摇动会响的玩具，一会儿再在另一侧摇动玩具，宝宝将转头或用眼神寻找声源。

视觉：

·无论在垂直方向，还是在水平方向上，视线都能够更平稳地追踪距离自己中等距离的移动物体180度。3个月时两只眼睛可以同时运动并聚焦于某一物体上。

·喜欢看人的面孔更甚于其他图案，在有其他线索（比如声音、触觉或气味等）的条件下，能够区分父母与陌生人的脸，并偏爱特定的面孔。

·对色彩鲜艳的图案或玩具最感兴趣。辨色能力增加，喜欢红色和蓝色胜过其他颜色。

·视线可以转移，轮流注视，看看物体，看看自己的手（单手或双手），然后再转过头来看这个物体。

其他感知觉：

·形状知觉：在一定程度上认识周围环境中物体的大小和形状。比如，能够认出自己的奶瓶，即便把奶瓶倒过来，使其呈现出不同的形状时，也能认识。

·味觉：能分辨母乳的味道。

三、语言发展

1—3个月的宝宝仍然会以不同的哭声表达不同的需要，但是他们已经会笑出声、会叫，并会应答性地发声了。

此时宝宝不仅能够对声音作出反应，会通过转头和看向声音的方向较为准确地找到发出声音的人，而且开始发出"咿咿""呀呀""哦哦"等双元音。在睡醒之后或吃饱穿暖后躺着时，宝宝也会发出愉快的自言自语的声音，主要是"h"音，有时是"m"音。这里要提醒家长，应留心关注宝宝是否会发声，

▲ 宝宝与成人语言互动时的神情及动作

此处的发声指的是宝宝用嗓子发出喉音或短元音，而非哭闹声。

在与成人面对面进行"交谈"时，宝宝开始产生交际倾向，会用声音或者用身体的同步动作反应给予应答，有时还出现了模仿爸爸妈妈进行咿呀对话的现象。这代表着宝宝在学习语言以及与他人互动方面迈出了重要的一步。

心理小链接

宝宝通用语释义

"nei"表示饿了（音似"呢"）；

"ao"表示累了（音似"嗷"）；

"er"表示要打嗝（音似"呃"）；

"yi"表示着凉了（音似"咿"）；

"hai"表示不舒服（音似"嗨"）。

四、情感与社会性发展

1—3个月的宝宝每天都会利用更多的时间观察周围的人并聆听他们的谈话，尤其喜欢看妈妈的脸。宝宝有时会通过有目的的微笑与家长进行"交谈"，并且以咯咯的笑声引起家长的注意，或者喜欢用咧嘴笑、做鬼脸表达愉快和友善。

▲ 宝宝的笑脸

宝宝会对家长不同的声音作出不同的回应。比如，如果妈妈发出过大、生气或不熟悉的声音，宝宝可能会皱眉或者表现出焦虑。

1—3个月宝宝的情绪和社会交往能力都在快速发展，开始表现出悲痛、激动、喜悦等情绪。他们能够模仿、维持、终止或者躲避与别人的交往，比如，宝宝能够任意转向或背向某个人、某种情境。

心理小链接

社会性微笑

满月之前的宝宝经常在睡眠时露出微笑，这是新生儿机体生理节律正常、身体舒适的反应，这种类似微笑的面部表情是宝宝体内正常生理反应导致舒适状态的一种生理反射。但是在宝宝1个月后，微笑的性质发生了变化，从自发性微笑转变为社会性微笑。当家长向宝宝微笑，并说话逗他时，宝宝也会示以微笑及全身的活跃反应，成为维持和加强欢快愉悦情绪，以及进行感情分享和交流的重要方式。社会性微笑是宝宝社会性发展的重要表现。

PART 2 第二部分 1—3个月婴儿的家庭教养指导策略

一、1—3个月婴儿的养育建议

1—3个月宝宝的活动范围开始增加，清醒的时候宝宝喜欢各种身体活动，也变得越来越"健谈"。家长可以经常与宝宝进行互动，这样既能促进宝宝各方面的发展，还可以增进亲子情感，形成依恋关系。同时，家长还要为宝宝提供一个安全而具有丰富刺激的环境，保证宝宝的健康成长与发展。

（一）1—3个月宝宝的生长保健

在出生后的头几个月，宝宝的生长发育速度惊人。身长和体重的增长速度加快。出生后头 3 个月，宝宝的身长平均每月增加 2.5 厘米，体重平均每月增加 750 克左右。这一月龄段的宝宝平均身长在 50.8—68.6 厘米的范围内，平均体重在 3.6—7.3 千克的范围内；女婴的体重比男婴略轻。头围作为大脑持续生长的重要指标，也需要家长始终关注。在第 1 个月和第 2 个月，宝宝的头围大约都会增加 1.9 厘米；在第 3 个月，头围大约增加 1.6 厘米。宝宝的头围长得过快或过慢，都是不正常的现象，家长应及时带宝宝去医院进行进一步检查。胸围可以用来评价宝宝胸部的发育状况，包括肺的发育程度、胸廓的发育程度以及胸背肌肉和皮下脂肪的发育程度，1—3 个月的宝宝胸围和头围几乎一样。同时，这一月龄段的宝宝身体系统逐渐稳定，体温、呼吸模式（腹式呼吸）和心率都越来越有规律。

这一阶段家长应每个月带宝宝进行体格检查，系统地了解宝宝各个月龄段的体格生长情况，通过定期的多次测量，可以知道孩子目前的生长水平是否达到参考标准。同时，家长还应注意宝宝生长的速度是否和参考标准相近，这可以帮助家长及时发现生长异常，仔细寻找病因，使一些症状不明显的疾病得到早期发现、早期诊断和早期治疗。

（二）喂养保健

世界卫生组织倡导纯母乳喂养应至少持续到宝宝 6 个月，以实现宝宝的最佳生长发育和健康发展。因此，对 1—3 个月的宝宝来说，母乳是最好的食物，它不仅能给宝宝提供丰富、容易消化吸收的营养物质，还能帮助宝宝抵抗疾病。

3 个月内宝宝应频繁吸吮，每日不少于 8 次，这样可使妈妈的乳头得到足够的刺激，并促进乳汁分泌。另外，3 个月内的宝宝应按需喂养，在预定的喂奶时间之前，宝宝会开始表现出急躁的情绪，但并不总是用哭来传递进食的需求信号。如果妈妈的乳汁分泌量能满足宝宝的需求，这一阶段应及时满足宝宝，并逐渐稳定哺乳次数。

母乳喂养基本能满足 6 个月以内宝宝所需要的全部液体、能量和营养素，正常妈妈的泌乳量和宝宝的需求量也能达到供需平衡，成熟乳量平均可达到每日 700—1 000 毫升。

母乳喂养的注意事项

保持心情愉快：哺乳的妈妈要注意有充足的休息和合理的营养，并保持良好的心态。妈妈要以轻松的心情喂奶。如果妈妈在精神上有负担或者心情很紧张，会影响乳汁的分泌。

乳房保养：如果决定母乳喂养，那么就要从孕期开始保养乳房，洗澡的时候注意按摩，佩戴宽松的胸衣，避免压迫乳腺造成堵塞；妈妈的乳头应经常保持清洁，防止乳头、乳房疾病的发生；每次喂哺宝宝之后，若有多余乳汁，应当用吸奶器将其吸出，减轻涨奶的痛苦。

养成良好的习惯：不要让宝宝含着乳头睡觉，这样不仅不卫生，而且容易引起宝宝窒息、呕吐，同时还会影响牙床的发育，导致畸形。

母乳喂养应顺应宝宝胃肠道成熟和生长发育的过程，从按需喂养模式到规律喂养模式递进。不要强求喂奶次数和时间，特别是 3 个月之前的宝宝，一般每天喂奶次数可在 8 次以上。随着月龄的增加，婴儿的胃容量逐渐增加，喂奶间隔则会相应延长，次数减少，逐渐建立起良好的习惯。随着夜间睡眠时间的延长，宝宝逐步断离夜奶，这不仅可以培养宝宝良好的睡眠习惯，而且对保持口腔卫生和牙齿的健康也非常重要。

当妈妈外出或者母乳较多时，可将母乳挤出存放在已消毒的容器或者特备的储奶袋中，并妥善保存在冰箱或冰包中。从冰箱冷冻室中取出的母乳应先置于冰箱冷藏室中解冻，使用前可在 37—40 摄氏度的温水中加热，注意不要使用微波炉加热或煮沸加热，如加热后没有吃完则将其丢弃，不要反复加热。

随着宝宝的成长，宝宝吸吮的力量增强，由于吸吮用力过大过猛，偶尔会导致呛奶。喂奶时家长要时刻注意宝宝的状况，以免发生意外。

（三）日常护理

1—3 个月的宝宝各方面相较新生儿阶段都已有了巨大的发展，对环境的适应能力也在不断提高。但是他们的各个部位仍然极其脆弱，需要家长时刻注意，尽心护理宝宝，让宝宝健康成长。

▲ 合适的衣物

1—3 个月宝宝的皮肤是比较稚嫩的，因此，宝宝穿的衣服要合适，尽量选择柔软的、吸湿性、透气性好的材质，纯棉制品是最好的选择。同时，也要照顾宝宝的活动需要，尽量穿着宽松的衣物，不妨碍宝宝的四肢及躯体活动。穿衣服时不要用长带子绕胸背捆缚，也不要穿很紧的松紧带裤子，以免因穿着不当阻碍宝宝的身体发育。平时应经常给宝宝更换衣服，贴身内衣洗净后最好在阳光下进行暴晒。

选择纸尿裤时应根据季节的不同，选用厚薄不一的纸尿裤，冬天可选择稍厚的纸尿裤，夏天则应选用轻薄的纸尿裤。穿着纸尿裤时要检查一下其两侧的松紧度，避免因太紧而伤害宝宝的腿部皮肤。此外，家长白天应该每 3 小时查看一次纸尿裤，根据具体情况决定更换纸尿裤的时间间隔，一定要及时进行更换，避免出现尿布疹。

洗澡

1—3 个月的宝宝皮肤娇嫩，而新陈代谢又十分旺盛，汗液及其他排泄物容易蓄积，因此，洗澡是婴幼儿护理的重要内容。建议家长夏季每天都给宝宝洗澡，甚至一天数次；冬季气温低，出汗较少、皮肤不易脏、洗澡又容易受凉感冒，故可适当减少洗澡次数，一周洗澡两三次即可。洗澡的时间最好选在两次喂奶之间，这时宝宝的兴致最高。

沐浴前应准备好：适宜的浴室温度、干净的浴缸或婴儿浴盆、洗发液、婴儿皂、浴巾、毛巾（一块干毛巾、一块沐浴用的湿毛巾）、干净衣物、纸尿裤。

1—3 个月的宝宝大多数情况下都能享受洗澡的过程，但是要注意沐浴时间不要过长，即便宝宝很活跃，也不要超过 15 分钟。没有必要天天都使用洗发液和婴儿皂，一周用 1—2 次即可。

洗澡水温应该控制在 37—40 摄氏度之间，爸爸妈妈可以用手肘或者是腕部来试水温，感到温暖、不烫就可以了。洗澡时的室温最好在 24—30 摄氏度之间，冬季给宝宝洗澡，一定要注意防止因着凉而感冒。

洗澡过程中左右手协调，托住宝宝身体。给宝宝洗澡先从头部开始，先洗脸再洗头，然后洗全身。洗澡的时候，用左臂夹住宝宝的身体并托稳宝宝头部，使宝宝觉得安全舒适，用食指和拇指轻轻将宝宝耳朵向内盖住，防止水流入宝宝耳朵。洗发液及婴儿皂都要选择婴儿专用的产品，对宝宝的刺激性小。尽量用清水给宝宝洗澡，减少使用沐浴产品的次数。

为女宝宝清洗时，应由前往后清洗私处。这样可预防来自肛门的细菌蔓延至阴道，继而引发感染。洗完后最好要用流动水冲一下小便处。

冲洗完毕，将宝宝从水中抱出，马上给他披上干燥而柔软的浴巾，轻轻而细致地将水擦干，特别要注意有皱褶的地方，如耳朵、颈部、腋窝、肚脐、外生殖器、脚趾间等。一定要等到宝宝全身擦干后再穿上事先准备好的干净衣服。

	洗澡小游戏
活动目标	不少宝宝都很喜欢玩水，所以在给宝宝洗澡的时候可以准备一些小游戏以及一些小玩具。这样既能让宝宝认识身体部位，还能增进亲子感情，同时培养宝宝爱洗澡的习惯。
前期准备	橡皮鸭等小玩具、浴盆。
互动方式	1.妈妈将宝宝放在浴盆里，告诉宝宝："宝宝，来和小鸭子一起洗澡了。" 2.妈妈从宝宝头上开始洗起，同时配合儿歌："小宝宝来洗澡，洗头发（洗洗宝宝头发），洗脸蛋（擦洗脸蛋），洗胳膊（洗洗宝宝胳膊），洗肚皮（洗洗宝宝肚皮），洗小腿（洗洗宝宝双腿），最后洗洗小脚丫。"

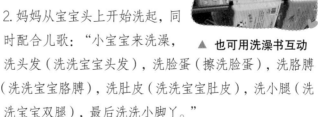

▲ **也可用洗澡书互动**

睡眠

1—3个月的宝宝每天平均睡觉14—17个小时。随着月龄的增长，他们的睡眠时间会越来越短，1个月左右的宝宝每天需要睡17个小时，3个月左右每天需要睡14个小时。白天，宝宝的每次睡眠时长约1—2小时，白天约需要睡4次；夜晚会突然睡醒，可能是要吃奶或需要换尿布，也有可能是需要爸爸妈妈的陪伴。宝宝刚刚醒来时，通常会有一点哭闹。当孩子哭的时候，爸爸妈妈应该注意安抚宝宝，这时宝宝会很快停止哭闹。也可以让宝宝持续哭一小会儿，宝宝一般会自己平静下来，重新进入睡眠。

▲ 宝宝在妈妈怀里睡着

1—3个月的宝宝应尽量单独睡小床。如果条件所限必须和宝宝同床睡时，要尽量选择合适的大床，保证床垫干净安全、被褥轻而少，保暖但不能太热。家长不能紧挨着宝宝睡，也不要把他独自留在床上，防止因挤压或被枕头、被子等蒙住头部而造成的窒息。同时，要注意爸爸妈妈的想法应一致，不要因照顾宝宝而忽略了彼此的感受。

育儿小百科

养成良好的睡眠习惯

宝宝到3个月左右，会渐渐形成日常作息规律。父母应帮助宝宝养成良好的睡眠习惯。

1.建立昼夜节律，促使宝宝生物钟的形成。白天宝宝醒着时，保证有充足的光线，日常的生活噪音和说话声，不需要刻意放轻。晚上入睡前调暗室内光线。夜里照顾宝宝时选择较暗的夜光灯，用完后关上。

2.确定固定的睡前场所和程序，帮助宝宝把睡觉这件事情与固定的睡觉场所联系起来。睡觉前给宝宝洗澡、换纸尿裤、按摩、讲故事、喂奶等。如果能坚持，宝宝会渐渐明白，做完这一切就该睡觉了。

3.训练宝宝自主入睡。在宝宝有睡意的时候，让他自己入睡。家长可以一边陪伴、抚摸他，一边轻轻拍拍他，但不要抱起他哄睡。让宝宝逐渐养成自己入睡的习惯。

4.给宝宝"过渡物品"，如拥有"妈妈的气味"的毯子等。宝宝夜里惊醒时，周围有妈妈的气味，会让他感到安心，有助于重新入睡。

如厕

1—3个月宝宝的消化功能逐渐成熟，大便会逐渐减少，1个月左右时一天一次或数次大便都是正常的，2—3个月时大便次数会慢慢变少或一下明显减少，同时宝宝大便会慢慢变软、不干硬。宝宝大便是否正常，最重要的是将其和之前的情况比较。例如，如果一个宝宝一直都是几天才大便一次，大便也很软，那即使4天一次也没有关系。而如果一个宝宝本来都是一天2—3次，突然一天7—8次，而且拉出来的大便很稀很水，那就表明宝宝的健康出现了问题。

亲职大学堂

把尿有意义吗

来自家长的困惑

徐女士听家里老人说把尿时发出一种信号，即"嘘、嘘"声，宝宝就会形成排尿反射，通过这种方法可以训练宝宝养成良好的如厕习惯。但是徐女士却认为宝宝还小，没必要强迫宝宝练习如厕，顺其自然就好。

徐女士的想法和家里的祖辈发生了冲突，常常因为这个问题争执不休，她很想知道为宝宝把尿真的有意义吗？

专家解答

从临床经验来看，没有明显例证可以证明过早把尿有助于宝宝自主排尿习惯的养成。

把尿的确能帮助宝宝建立条件反射，且能少用一些纸尿裤或少洗一些尿布，节省资源，从这些角度看有些意义。但是，大部分宝宝在1.5—2岁之间，膀胱才能发育至能够憋住尿，才能在需要上厕所时，接收到身体发出的感觉信号，并提前告诉家长。到那个时候，宝宝才真正准备好了，这也意味着家长可以对他进行真正的大小便训练了。

此外，我们可以看到在父辈与祖辈共同养育宝宝的家庭中，年轻的爸爸妈妈时常会与家中祖辈发生观念上的冲突。老人有时以"我吃过的盐比你吃过的饭还多""我曾经成功养育了几个儿女"等理由，坚信自己的教育理念，拒绝接受子女的意见。

当发生这种情况时，双方互相尊重，以正确的态度进行沟通交流是最有效的办法。爸爸妈妈在与祖辈沟通时要欣赏他们，祖辈也许有不足之处，但是做得好的地方，也要进行肯定。对祖辈的肯定，会让他们感到骄傲和有成就感，会让他们成为更优秀的爷爷奶奶（外公外婆）。这种情况下他们也就更愿意听取爸爸妈妈提出的合理建议，学习更科学的育儿办法。

爸爸妈妈还要注意，沟通不是强迫祖辈必须接受自己的观点，而是通过摆事实、讲道理，使对方发自内心地认可自己的观点。如果祖辈不能完全认同自己的意见，自己也应有所妥协，形成一种双方都能认可的方案。

（四）疾病预防与护理

晒太阳

1个月以后，宝宝可以逐渐开始进行一些户外活动，并随着月龄的增长慢慢增加户外活动的时间。让宝宝多晒太阳对生长发育有诸多好处：光照可促进宝宝的新陈代谢和生长发育，增强机体的抗病能力；黄疸不严重的宝宝，多晒太阳，能起到退黄的效果；在阳光下晒宝宝屁股，可治疗宝宝的红臀；此外，在阳光的直接照射下，宝宝可以获得维生素D，促进体内钙质的吸收，使宝宝的骨骼长得健壮结实，对软骨病、佝偻病也有预防作用。

给宝宝晒太阳有一些注意事项，如有条件时，不在室内隔着玻璃晒太阳，因为玻璃可阻挡大部分紫外线，从而达不到使体内产生维生素D的目的。晒太阳在刚开始时可以每天 1 次，每次晒 4—5 分钟，持续 2—3 天。此后，按照以上方法晒膝盖、大腿、臀部、腹部等，直至全身。适应后，可逐渐增加频率至每天 2 次，时间可逐渐增加到 10 分钟、20 分钟，最长不超过 30 分钟。在冬季晒太阳要选择天气暖和的中午，同时要注意给宝宝保暖；在夏季晒太阳要避免强烈阳光的直接照射，宝宝的头、脸，特别是眼睛要避开阳光，以免造成损伤。晒太阳结束后，可给宝宝喂些奶。

▲ 宝宝晒太阳

疫苗接种

1—3 个月宝宝必须接种的一类疫苗有以下几种：

1 月龄 乙肝疫苗—第二针；

2 月龄 脊髓灰质炎疫苗—第一针；

3 月龄 脊髓灰质炎疫苗—第二针；百白破疫苗—第一针。

宝宝预防接种后，会出现一些局部或全身反应。在接种后数小时至 24 小时左右，注射部位可能出现红、肿、热、痛，或发热、头痛，偶有恶心、呕吐、腹泻等。这时，应让宝宝有充足的休息，一般这些反应在 2—3 天内会自行消退，不需进行特殊处理。如发生异常的过敏、晕厥、休克等反应，或局部红肿继续扩大，高热持续不退，家长应立即送医院诊治。

口腔卫生

口腔的环境很适合细菌的生长和繁殖，宝宝又较易患鹅口疮，因此家长要注意对宝宝口腔的日常护理。让宝宝侧卧，用小毛巾或围嘴围在衣领下，用棉签蘸上淡盐水或温开水，由口腔的两颊部开始，至牙龈的外面、里面，再至舌部，逐步擦拭。每擦拭一个部位就要更换一个棉签。在擦拭的过程中，动作要轻柔，宝宝的口腔黏膜极其柔嫩且唾液分泌少，动作较大很容易损伤宝宝的口腔黏膜，易致口腔感染。平时要注意每次喂奶前，先将奶头或奶嘴擦干净，双手也要洗干净，宝宝的用品要及时清洗消毒。

若宝宝出现口唇干裂，可为宝宝涂些消过毒的植物油；若宝宝患上鹅口疮，可在喂奶完成后为宝宝涂抹调匀的制霉菌素甘油制剂。

湿疹

婴儿湿疹常见于1—3个月的宝宝，常与过敏性体质有关，既有遗传因素作内因，又有外界因素作诱因。起病时一般先在面颊部出现小红疹，很快可波及至额、颈、胸等处，小红疹亦可变为小水疱，破溃后流水，最后结成黄色的痂皮。宝宝在湿疹急性发作时搔痒难忍，经常烦躁哭闹，影响食欲和休息，严重时还可继发细菌感染。预防湿疹要保持家中干净，减少周围的灰尘，避免接触过敏原，妈妈尽量不要吃鱼虾等食物。婴儿湿疹的主要原因是机体免疫系统不完善，目前没有很好的治疗手段，只能用外用药治疗和缓解症状，随着月龄的不断增长，可逐渐好转。

喂药

生病的宝宝对于吃药通常都十分抗拒，因此在给宝宝喂药时就需要有一定的策略。家长要注意，给宝宝喂药的时间最好选在喂奶前。家长可以把宝宝抱在怀中，让宝宝的头略仰起或保持吃奶时的体位，然后用滴管缓慢地将药液滴到宝宝嘴里，滴到口腔的中后部位，再轻轻拨动宝宝的脸颊，使宝宝把药液咽下去。或者把药液倒进空的干净橡皮奶嘴中，再把橡皮奶嘴放进宝宝的口中，引诱宝宝吸吮。

为宝宝配制药液时，药液的量尽量要少，若药液的量较多，在喂药时宝宝出现打嗝或呕吐后，可让宝宝休息一会儿再给宝宝喂药，即便宝宝不喜欢药液的味道，也要让宝宝坚持把药吃完。

（五）安全

随着宝宝的生长发育，新的安全隐患不断出现。1—3个月的宝宝仍然处于身体脆弱、易受伤害的阶段，而且比之前更加活泼好动，因此更容易出现安全问题。家长要注意不要把热的饮料或器具放在宝宝身边，以免宝宝挥动小手小脚时烫伤自己；在给宝宝玩摇铃和填充玩具之前，先检查那些容易脱落的小零件，把所有小的物件或东西都放在宝宝够不着的地方，防止宝宝把零件塞到嘴里造成窒息；当把宝宝放在较高的地方时，比如放在换尿布的桌子、沙发、台子、床上，要时刻注意照看；1—3个月的宝宝虽然不会爬，但是可能会出乎意料地翻身或打滚，从大床上掉下来，家长离开时，别忘了把宝宝放在有栏杆的小床上；为了避免宝宝意外受伤，家长要把别针和其他尖锐的东西放在宝宝够不到的地方，仔细检查婴儿房中有尖角或边缘突出的家具，只购买符合安全标准的家具和玩具等。

同时，家长依然要关注宝宝睡觉时的安全隐患，把床单翻转到床垫下，将其铺平；小被子盖在宝宝腋下，不能盖在脖颈处，周围不能放置的东西，如毛绒玩具、过于柔软的被褥、小枕头或小毛巾等；尽量避免宝宝采取俯卧位的睡眠姿势，以免因堵塞呼吸道而导致窒息。

▲ 保护宝宝安全的家具包角

育儿
小百科

不要剧烈摇晃宝宝

当宝宝哭闹不止或睡眠不安时，将宝宝抱在怀中或放入摇篮里摇晃是许多家长的首选之举。宝宝哭得越凶，家长摇晃得频率越高、力度越大，这种行为实际上是不对的。宝宝的颅脑还在发育期，脑部比成人更柔软、更脆弱，剧烈摇晃可能会造成宝宝脆弱的脑组织和颅壁发生碰撞，造成脑震荡、脑水肿，甚至因脑部血管挫裂而引起颅内出血等。

专家建议：

不要用剧烈摇晃的方式来哄宝宝。宝宝哭的时候家长可以让宝宝平躺在自己怀里，也可以稍稍斜躺，家长一只手臂的前臂一定要托住宝宝的头部，另一只手臂托住宝宝的臀部和腰部，将宝宝贴在家长身上，家长靠腰部让宝宝和他一起摇晃，千万不要用胳膊剧烈地摇晃宝宝；也尽量不要长时间使用市场上售卖的摇摇床。

家里养宠物会威胁宝宝的健康吗

来自家长的困惑

我们家在怀宝宝前就养了一只宠物狗，宝宝出生后听说养宠物不利于宝宝的健康，但是又舍不得把狗狗丢掉或者送人。我们家的宠物狗很温顺，从不咬人，真的会威胁宝宝的健康吗？

专家解答

宠物对宝宝的健康确实会造成一些安全隐患，出生几个月的宝宝对细菌的抵抗力弱，宠物身上的细菌和寄生虫可能会通过间接接触从皮肤、呼吸道等途径进入宝宝的体内，一旦感染对宝宝的健康就会产生很大的危害。此外，宠物的毛发、皮屑、唾液、粪便及吃剩的食物对宝宝而言是潜在的过敏源，如果宝宝接触或从口鼻吸入漂浮于空气中的过敏源，就会造成各种过敏症状，如眼睛红肿、流泪、鼻塞、咳嗽，甚至哮喘等。另外，即使再温顺的宠物，也存在抓伤、咬伤宝宝的可能性。动物的口腔中存在许多细菌，人被咬之后很容易受感染发炎，产生皮肤溃烂、败血症、骨髓炎等。

但是，从另一个方面来看，宠物是宝宝成长过程中一个特别的玩伴，也是成人生活中的伙伴。所以，建议饲养宠物的家庭对宠物做好定期的驱虫、疫苗等预防性工作，注意互动安全，最大程度地保护宝宝的健康。

1—3 个月的宝宝就要开始阅读吗

贝贝的妈妈认为阅读习惯要从小培养，在贝贝 2 个月左右就开始给贝贝看书。但是贝贝的爸爸认为妻子的观念是错误的，他觉得几个月的宝宝还不会识字，也看不懂图画，这么早就开始让宝宝阅读，有意义吗？

其实在宝宝出生以后，就可以和宝宝一起看书了，这样能培养宝宝对阅读的兴趣。家长可以选择一些适合这一月龄段的读物，如图片、图形、黑白卡等，或者是背景简洁，色彩对比强烈，主要物体或者人物突出及明朗的图画书。图画书页面最好是大 16 开。家长可以一边陪着宝宝观看画面，一边用语言进行讲解，并用手指点画面，指到哪儿就讲到哪儿，以使宝宝的注意力集中指向正在阅读的内容。每次阅读的时间 1—3 分钟不等。阅读内容不必频繁更换，可根据宝宝的兴趣情况而定。

家长与宝宝进行亲子阅读不仅可以激发宝宝的阅读兴趣，促进宝宝的发展，在阅读过程中也会增进亲子感情，使宝宝保持开心愉快。

此外，爸爸和妈妈针对宝宝的养育问题出现分歧是一件很正常的事情，不需要把重点放在谁对谁错上。发生这种情况时，双方首先要进行沟通，表达清楚各自的观点和理由。如果实在无法说服对方，在不伤害孩子身心健康的情况下，不妨给予对方和自己验证的机会，以行动和事实来说话。

家长要明白，夫妻之间育儿观不一致，并非绝对的水火不相容，因为大多数情况下，爸爸妈妈虽然观点不一致，但出发点都是一致的，即本着一颗爱孩子的心。因此，即便夫妻的观点不一样，也可以尽量多沟通，一起解决这个问题，避免在分歧上纠缠过久。

宝宝1—3个月，爸爸应该做什么

悦悦的妈妈每次和其他妈妈聚会时，都会讨论到爸爸在育儿过程中的表现。

相信许多刚迎来宝宝的家庭都存在一种情况：有时爸爸没有意识到自己的家庭角色转变后应该做什么。其实在宝宝出生后的几个月中，爸爸和妈妈都应该努力地学习和适应自己的新角色，转变自己的生活方式。无论是夫妻双方相处，还是与宝宝相处，彼此之间都应相互尊重，真诚相待。

爸爸要做的：

· 给予宝宝和妻子足够的陪伴时间，参与宝宝的日常护理和亲子活动。

· 多倾听和安抚妻子，理解其生育和喂哺的辛苦。

· 当宝宝生病时要给予妻子支持，而不是批评。

· 学习一些育儿知识，共同分担家务。

爸爸不要做的：

· 出现问题时盲目坚持自己的意见，一味指责对方。

· 只在心情好的时候逗弄宝宝，其余时间一概不管。

· 当妻子出现情绪问题时，表现出烦躁或者试图"稳定"她的情绪。

二、1—3个月婴儿的教育建议

1—3个月的宝宝比新生儿有了更多的清醒时间，在满足宝宝的基本需要后，他们也需要更多的游戏和社会活动。爸爸妈妈要抓住这一阶段宝宝的发展特点，与宝宝进行多种类型的亲子互动游戏，这样不仅有利于培养亲子感情、建立稳定的依恋关系，还有利于宝宝的生长发育与发展。

（一）动作方面

	帮助宝宝翻身
活动目标	1. 通过亲子游戏让宝宝被动翻身，促进宝宝全身粗大动作的发展。 2. 增进亲子之间的情感交流，让家长学习帮助宝宝练习翻身的方法。
前期准备	柔软的垫子、浴巾、小玩具等。
互动要点	1. 家长可在宝宝洗澡后，将浴巾横铺在台子上或者地上，让宝宝躺在浴巾上，用玩具逗宝宝抬头。 2. 先仰卧，将宝宝的一只手放在胸部，另一只手做上举状，家长一只手扶住宝宝放在胸部的小手，另一只手放在宝宝的背部，帮助宝宝从仰卧转为侧卧，再转为俯卧。 3. 家长在宝宝俯卧时，可在宝宝的背部脊柱两侧从上至下轻轻地抚摸，锻炼宝宝的颈部及背部的肌肉。 4. 将宝宝用浴巾包好，家长可以抱起宝宝亲一亲，逗宝宝笑，使宝宝保持心情愉快。
温馨提示	1. 给宝宝翻身时，家长要时刻注意观察宝宝的情况，双手一定要托稳宝宝，以免发生意外。 2. 翻身活动过程中，如若发现宝宝有不适或不高兴的现象，应该立即停止。

	让我们来抓一抓
活动目标	1. 促进宝宝手部抓握能力以及双手协调能力的发展。

2.促进宝宝触觉的发展。

3.增加宝宝与家长之间亲子互动的机会。

前期准备

床或者垫子，体积小、颜色鲜艳的玩具，如小球、触摸球等。

互动要点

1.宝宝躺在床或者垫子上，家长把自己的食指放到宝宝的小手中，并配合"抓抓看，抓抓看"的语言来鼓励宝宝进行抓握。

2.家长也可以抱起宝宝，将小球放在宝宝面前，鼓励宝宝用手抓握小球。

▲ 宝宝小手"抓"的动作

3.可以帮助宝宝将小球从一只手转移到另一只手中。

活动延伸

家长可以用不同质地、适合宝宝小手抓握的物品进行这个游戏，比如拨浪鼓、海绵条、纱巾、纸卷、小积木等，使其获得触觉经验。2—3个月后，家长还要给宝宝的手指进行按摩，从手心到手背，再到每个手指，每天2—3次。

温馨提示

1.宝宝的双手还不能灵活配合，如果宝宝做不到将小球在两手间传递，家长不要勉强。

2.要保持小球等玩具的清洁干净。

（二）认知方面

	认识五官
活动目标	1. 提供丰富的刺激让宝宝的感知觉能力得到提升。 2. 激发宝宝的自我认知兴趣与能力。 3. 增加亲子互动的机会,提高宝宝与家长之间的亲密度。
前期准备	镜子。
互动要点	1. 家长可以把宝宝抱在怀里,一边唱儿歌一边触摸宝宝的五官,也可以拉着宝宝的手让他触摸家长的五官。 2. 1—3个月的宝宝还未形成自我认知,不能主动指认自己的身体,家长可以通过这个游戏提高宝宝的自我认知能力。
活动延伸	家长也可以抱起宝宝站在镜子前,摸摸宝宝和家长自己的五官,并告诉他五官的名字:"这是宝宝的嘴巴,这是爸爸的嘴巴。这是宝宝的眼睛,这是妈妈的眼睛。"

（三）语言方面

	听爸爸妈妈来唱歌
活动目标	1. 通过歌曲的歌词和旋律给予宝宝语感和乐感的刺激,为宝宝语言能力的发展做准备。

2.刺激宝宝的听觉器官,促进大脑机能的发展,调动宝宝愉悦的情绪。

3.增加宝宝与家长之间的互动,培养良好的亲子感情。

前期准备

无。

互动要点

1.家长可以学习几首简单且好听的儿童歌曲,抱着宝宝的时候,可以对着宝宝轻轻地唱,也可以在照顾宝宝的时候唱一首自编的歌曲。

2.在唱歌的同时,家长还可以伴随着歌曲的旋律轻轻晃动宝宝的身体或者宝宝的小手小脚,或者轻轻地按节拍拍宝宝的背,还可以抱着宝宝晃动自己的身体,让宝宝感受到节拍和快乐的情绪。

3.可以由不同的人交换着抱着宝宝唱歌,如爸爸的声音相对较低沉,动作幅度也较大,宝宝会感受到同一首歌曲由不同的人唱所带来的不同感觉。

温馨提示

让不同家庭成员给宝宝唱歌,能使宝宝感受如女性声音或男性声音、低音或高音等,这样可以促进宝宝分辨声音的听觉能力的发展。

（四）情感与社会性方面

	躲猫猫游戏
活动目标	1. 练习宝宝分辨脸部表情的能力，使他对不同表情有不同反应。 2. 发展宝宝的记忆力和注意力。 3. 在亲子游戏中，培养与宝宝之间的情感，建立亲子依恋。
前期准备	毛巾。
互动要点	1. 家长用毛巾把自己的脸蒙上，凑到宝宝眼前，然后让宝宝把脸上的毛巾拉下来，并笑着对他说："喵。"如果宝宝感兴趣，可以重复进行这个游戏。  ▲ 宝宝被家长的表情吸引 2. 拉下毛巾时，家长可以尽可能地做出夸张的脸部表情，如笑、哭、怒等，让宝宝被家长的表情吸引，并学会分辨不同表情所代表的情绪。

三、1—3 个月婴儿的发展评价

当满 3 个月的宝宝不能达到下述指标时，应引起家长的高度重视，必要时应及时向儿科医生或保健专家进行专业咨询。

宝宝 1—3 个月时的表现

1. 孩子的身长、体重和头围随着月龄的增长逐渐增加。　　　　　　　　是 ○　　　否 ○

2. 能对别人微笑。　　　　　　　　是 ○　　　否 ○

3. 两只眼睛能同时跟随移动的物体。　　　　　　　　是 ○　　　否 ○

4. 能转头找到发出声音的来源。　　　　　　　　是 ○　　　否 ○

5. 抱坐时，头能稳定。　　　　　　　　是 ○　　　否 ○

6. 趴着时，能抬起头和上身。　　　　　　　　是 ○　　　否 ○

7. 能伸手触摸东西或者熟悉的人。　　　　　　　　是 ○　　　否 ○

8. 逗引时会笑出声，对很响的声音有反应，会发出"咕、哦、啊"的声音。　　　　　　　　是 ○　　　否 ○

9. 能够发出具有辨识度的哭声，即根据自己不同的需要表现出不同类型的啼哭，如表示饥饿、感到疼痛等。　　　　　　　　是 ○　　　否 ○

10. 能辨认出自己的主要照料者，比如：看到妈妈就高兴。　　　　　　　　是 ○　　　否 ○

11. 能把手放进嘴巴，能双手抓握物体。　　　　　　　　是 ○　　　否 ○

第三章
4—6个月婴儿的发展特点与家庭教养指导
策略

一、动作发展

4—6个月的宝宝四肢活动能力逐渐增强，力量也不断增大。他们对自己身体的掌控会越来越灵活，活动范围也慢慢扩大。因此，这时宝宝的动作已经不是简单的无条件反射了，而是在意识控制下进行的有目的的活动。同时，宝宝的抓握能力进一步细化发展，可通过手臂带动双手做一些力所能及的活动。

▲ 宝宝趴着玩　　　　　　　　▲ 宝宝尝试翻身

这一阶段宝宝的动作发展如表3-1所示。

▲ 表3-1　4—6个月宝宝的动作发展

月龄	粗大动作	精细动作
4个月	▪可以自己抬起头，并自由活动头部。 ▪呈坐姿时，头部稳定，不再向后倒，且背部弯曲减少。	▪张开手指抓东西，并把东西放入口中。 ▪能抓住、摇晃小物件。

月龄	粗大动作	精细动作
	▪ 在足够的扶持下可以坐直。 ▪ 原始反射逐渐消失，渐以具体控制的动作取代。 ▪ 能由仰卧翻成侧卧。	
5个月	▪ 由卧姿拉成坐姿时，头不向后倒，背可以挺直。 ▪ 抱成站姿时，双腿可支撑自己大部分的体重。 ▪ 可以独立翻身，能由仰卧转成俯卧。	▪ 开始运用拇指及其他手指进行抓握。 ▪ 可随意捡起东西，失误次数较少。 ▪ 用整个手抓东西。 ▪ 两手一起抓。 ▪ 喜欢玩脚和脚趾头。
6个月	▪ 可短暂地坐着。 ▪ 独自坐下时能使用手来支撑。 ▪ 抱成站姿时双腿几乎可以支撑全身的体重。 ▪ 能自由翻身。	▪ 能将小物件由一手交到另一手中。 ▪ 能够双手同时抓东西。 ▪ 能伸手取物，通常喜欢把物品放入口中。

▲ **6个月宝宝翻身后**

二、认知发展

4—6个月是宝宝认知发展的飞跃期，随着宝宝记忆力和注意力的加强，当家长把玩具或食物藏在布下面或枕头后面，并露出一部分时，宝宝会去寻找。这时候他们开始理解有些物体即使看不见了，但还是存在的，这意味着宝宝开始获得客体永久性,这种能力会随着宝宝年龄的增长继续发展。

这个阶段,宝宝的好奇心十分强烈,他们开始用多种方式操作或探究玩具,如观察、翻转、触摸表面,敲打、摇晃或者把手中的玩具重重地扔在地上听发出的响声。这时家长千万不要嫌宝宝吵闹,因为这是他们学习用自己的能力影响环境的重要时期。

心理小链接

4—6个月宝宝具备的感知觉能力

听觉:

·听到声音时,宝宝会转向声音的方向并定位声音的来源。

·喜欢听音乐,能表现出集中注意听的样子。

视觉:

·4个月时,对鲜艳的颜色分外感兴趣,喜欢红、橙、黄等暖色调的颜色,特别是对红色的物品感兴趣;5个月左右能辨别红色、蓝色和黄色之间的差异。

·5个月宝宝的视网膜已经发育得很好了,可以看到约2—3米之外的物体,还可以由近看远,再由远看近。

·开始能够用视线寻找声音的来源,或追踪移动的物体。

·当物体消失后,眼睛能够继续注视物体消失的方向。

·4个月左右开始建立立体感,6个月时完全具备立体感。

其他感知觉:

·手眼口协调能力:能够协调地使用手、嘴和眼睛探索自己的身体、玩具和周围环境。

·味觉:能比较明确而精细地区别出酸、甜、苦、辣等各种不同的味道。

·远近和大小知觉:能根据物体的大小改变自己抓握的手型。

·表现出深度知觉的迹象:当从高处(如床上)落下时,表现出紧张、退却和恐惧。

三、语言发展

4—6个月的宝宝经常发出重复的、连续的音节，有时还会试图模仿听到的声音。而且在与成人的交往中出现学习交际"规则"的雏形，比如宝宝在应答成人的言语逗弄时开始出现与成人轮流"说"的倾向。这一时期宝宝正处于辨调阶段，他们能区别男声和女声、熟悉和陌生的声音、愤怒和友好的声音。当爸爸妈妈用愉快的语气与宝宝说话时，语调出现上扬的变化，4个月左右的宝宝就能用微笑和咿呀作声作出反应。同时，宝宝也会通过发出不同的声音来表达自己的情绪，比如高兴、满意和愤怒等。

四、情感与社会性发展

▲ 与亲近的人肢体接触

4—6个月宝宝在情感与社会性方面会发生很大的变化，他们开始爱交际，喜欢其他小朋友，也喜欢以伸手、拉人或发音回应等方式主动与人交往。宝宝的情绪会变得更加丰富，情绪变化也十分明显，喜欢用手舞足蹈和其他的动作表示愉快的心情，并开始出现恐惧或不愉快的情绪。

这个月龄段是巩固宝宝与父母之间亲密关系的关键时期，如果生理和情感需要始终能够得到满足，宝宝会对妈妈或主要照料者建立完全的依恋。同时，4—6个月的宝宝开始出现认生的行为，对许多东西表现出害怕的情绪，不太愿意陌生人靠近或者照看，对陌生人表现出焦虑。家长要注意不要在陌生人刚来时突然离开你的宝宝。

▲ 宝宝和妈妈建立了亲密的亲子关系

经常更换照料者，对宝宝的发展有影响吗

媛媛的妈妈休完产假后就回到了工作岗位上，平时特别忙，有时周末也没空带宝宝，只能由双方老人轮流交替着带媛媛。渐渐地，妈妈发现媛媛跟自己"不亲"了，而且还经常哭，她不知道这是怎么了，难道是自己陪媛媛的时间太少了吗？

4—6个月是宝宝建立与家长之间的亲子依恋和对周围世界的信任的关键时期。这个阶段的宝宝开始认识经常照顾他的人，当照料者出现时，宝宝会眉开眼笑，兴奋得手舞足蹈；而看到他们离开时，宝宝会表现得忧伤、不开心，这就是所谓的依恋行为。

爸爸妈妈在这个阶段应该注意，如果没有特殊情况，尽量不要随便更换宝宝的照料者，不要这星期妈妈没空让外婆带，下星期外婆有事就让奶奶带，应该至少有一个固定的照料者。频繁更换照料者会使宝宝产生不安全的情感，进而无法顺利建立亲子依恋，导致宝宝无法信任或探索周围的环境，最终影响宝宝的身心发展。如果爸爸妈妈实在没有时间，要尽可能固定宝宝的照料者，使宝宝建立起对照料者的依恋和对周围世界的信任，从而更主动地接近他人，探索周围的世界，为心理健康发展奠定基础。

▲ 陪伴有助于良好亲子关系的建立

一、4—6 个月婴儿的养育建议

（一）4—6 个月婴儿的生长保健

4—6 个月的宝宝身体生长的速度比前三个月减缓一些，但仍然处于快速生长发育的时期，体重平均每月平均增长 500—600 克，身长每月平均增长约 2—2.4 厘米，头围每月平均增加 0.95 厘米。根据卫生部《中国 7 岁以下儿童生长发育参照标准》，4—6 个月男婴的正常生长发育范围如下，身长：57.9—75.8 厘米；体重：5.25—11.72 千克；头围：38.0—47.7 厘米。4—6 个月女婴的正常生长发育范围如下，身长：56.7—74.0 厘米；体重：4.93—10.93 千克；头围：37.2—46.5 厘米。这一阶段家长仍然要带宝宝定期进行体检（通常在宝宝 4 个月和 6 个月会进行体检），及时了解宝宝的生长发育是否正常、身长体重是否标准。在宝宝体检的过程中，家长可以向医生咨询有关宝宝的生长发育、智力行为、睡眠和饮食等方面的问题，同时要认真记录下医生的建议。

需要格外注意的是，有些宝宝在 6 个月左右会迎来人生中第一颗乳牙，通常是下门牙。此时宝宝的牙龈可能会有些红肿，流口水、咀嚼、咬东西和把东西塞进嘴里等现象会增多，家长要及时给宝宝做好口腔清洁工作，以免宝宝出现口腔疾病。

（二）喂养保健

4—6 个月是宝宝纯母乳喂养的最后一个月龄段，因此这一时期母乳仍然是宝宝所需能量以及营养素的重要来源。4—6 月的宝宝应逐渐定时喂养，每 3—4 小时一次，每日约 6 次，可逐渐减少夜间哺乳，帮助宝宝形成夜间连续睡眠的能力。但不同的宝宝存在个体差异，需区别对待。婴儿的胃容量相对较少，4—6 月龄宝宝的奶量可增至 120—150 毫升 / 次，约 800—1 000 毫升 / 日。

喂养宝宝时，要在宝宝清醒状态下进行，采用正确的姿势喂奶。如瓶喂时，奶瓶的位置应与婴儿下颌成 45 度，并注意妈妈和宝宝的互动交流。

另外，由于这个时期的宝宝胃呈水平位，容量较小，且胃部肌肉发育不完善，吃奶后常自嘴角溢出少量乳汁，这不会影响宝宝的健康。这时，妈妈可以在喂奶后让宝宝的头靠在肩上，将其竖直抱起，轻拍背部，帮助其排出吞入的空气，从而防止溢奶。宝宝睡眠时宜取侧卧位，可预防因溢奶而导致的窒息。若经此后宝宝溢奶症状仍无改善，或体重增长不良，则应及时就诊。

因宝宝患有某些代谢性疾病，妈妈患有某些传染性、精神性疾病，乳汁分泌不足或无乳汁分泌等不能用纯母乳喂养宝宝时，建议首选适合6月龄内宝宝的配方奶喂养，不宜直接用普通液态奶、成人奶粉、蛋白粉、豆奶粉等喂养宝宝。婴儿配方奶与母乳成分相近，但任何一种都无法做到与母乳完全一致，因而只是母乳的一种替代品。

6个月左右是宝宝学习咀嚼的关键期，此时家长应开始有意识地给宝宝提供咀嚼的机会，如给宝宝一些磨牙饼干等，并可以在喂辅食的过程中向宝宝示范如何咀嚼食物，让宝宝学习咀嚼。

亲职大学堂

为什么要让宝宝进行咀嚼训练

来自家长的困惑

王女士认为自己的宝宝刚生下来就会自己吃奶了，等到可以喂辅食的时候，宝宝也可以自然而然地吞咽流质食物、咀嚼固体食物。但是，随着宝宝月龄的增长，王女士为宝宝添加了固体食物，却发现此时宝宝没有良好的咀嚼能力，无法咀嚼较粗或较硬的食物。这令王女士很担忧，她不明白宝宝明明可以自觉吃奶，为什么到了吃固体食物的时候却不能良好地适应了呢？对此，家长该怎么办？

专家解答

许多家长认为，宝宝与生俱来就有吞咽、咀嚼的能力，所以时间到了自然就会吃东西，应该不需要特别注意。其实，这样的观念不完全正确。

吸吮和吞咽能力是宝宝的先天条件反射，因此并不需要学习。

然而咀嚼能力需要舌头、口腔、牙齿、面部肌肉、口唇等部位的配合，这样才能顺利将口腔里的食物磨碎或咬碎，进而吞下。所以，咀嚼能力的发展需要宝宝长时间且经常性地练习使用整个口腔。

训练宝宝的咀嚼能力有以下几点好处：

·有利于唾液分泌，促进食欲。

·使食物磨得比较细碎，提高消化酶的活性，促进消化，有利于营养吸收。

·有助于牙齿发育和生长。

·有利于头面部骨骼、肌肉的发育，加快头部血液循环，增加大脑血流量，使脑细胞获得更多的氧气和养分，帮助大脑发育。

·训练口腔、舌头、嘴唇等部位的协调性和灵活性，提高宝宝发音的清晰程度。

育儿
小百科

水果泥和菜泥的制作方法

青菜泥：将新鲜青菜洗干净，切碎，放入水中煮4—5分钟，然后用辅食机打成泥，装入碗中。

胡萝卜泥：将胡萝卜洗净、去皮、切碎，放入水中煮5分钟，然后用辅食机打成泥，装入碗中。

番茄泥：将番茄洗净，放入水中煮2分钟，去皮除籽，然后用辅食机打成泥，装入碗中。

苹果泥、香蕉泥：将苹果或香蕉洗净，然后用辅食机打成泥或用调羹刮成泥，装入碗中。

（三）日常护理

4—6个月宝宝的日常生活已经具有了一定的规律性，基本能够做到定时饮食、定时睡眠。家长在日常护理的过程中，要时刻注意随着宝宝的生长发育带来的新状况，并及时调整护理方法，以促进宝宝的健康成长。

口腔护理

通常来说，6个月的宝宝会萌出第一颗乳牙，但是也有出牙早的宝宝，4个月就会开始长牙。乳牙长得好坏，对宝宝的咀嚼、发音能力，后来恒牙的正常替换，以及全身的生长发育都十分重要。所以，从宝宝萌出第一颗乳牙开始，家长就要特别注意宝宝乳牙和口腔的护理。

宝宝出牙前会出现一些征兆，如宝宝的脾气会变得比较暴躁，牙龈开始出现红肿等情况。出牙的过程会刺激宝宝的口腔神经，导致唾液的分泌量增加。所以，从4个月开始，宝宝口中会不断地流出口水。牙齿长出后，宝宝的两颊也会变得有些红，继续流口水，这时可以给宝宝一些食物或玩具，让宝宝咬着，有助于宝宝牙齿的生长。家长需要注意的是，宝宝出牙时可能会出现发热、呕吐、哭闹及不吃奶等症状，一旦出现这些症状，要注意鉴别并及时就医。

宝宝长牙后，家长要注意宝宝的口腔卫生。可以在喂奶后和睡觉前用干净的纱布蘸温水轻轻擦洗宝宝的口腔黏膜、牙龈和乳牙的表面，清洁口腔。在给宝宝做口腔护理前，家长要认真清洗自己的双手，修剪指甲，擦洗时动作要轻柔，以免伤害宝宝的牙齿和口腔。

此外，家长还要注意培养宝宝的良好习惯，如睡觉前不要给宝宝喂带糖分的食物或水，以免酸性物质腐蚀乳牙形成龋齿。同时，要纠正宝宝的不良睡姿，偏睡的宝宝容易长久压迫一侧的颌骨，影响颌骨的发育，从而影响宝宝牙齿的发育。

睡眠

随着生理的成熟，4—6个月的宝宝已经可以逐渐建立起规律的睡眠了。从4个月开始，宝宝的入睡时间、小憩次数基本都开始有规律可循。4—6个月的宝宝基本上都会在白天有2—3次小觉。同时，宝宝夜间入睡的时间也开始固定在7—9点之间。4—6个月的宝宝运动能力增强，白天活动增多，容易疲劳，夜里就可以睡得很沉。原来夜里要醒2次的宝宝，现在可以减少到醒1次。而原来只醒1次的宝宝现在可以一觉睡到天亮。而且，很多这个月龄段的宝宝开始展现出自我安抚入睡的本领。这使得宝宝有可能在夜间醒来之后不需要家长帮助，自己就可以重新入睡。因此，如果孩子夜间醒来，家长可以先尝试轻拍、抚摸等安抚措施，尽量避免孩子一醒就马上抱哄或喂夜奶。

另外，家长此时要注意培养宝宝的良好睡姿。小月龄的宝宝骨骼发育快速，

▲ 宝宝睡眠

极易受外界因素的影响。如果宝宝睡眠时总是偏向一侧，不但会造成颌骨发育不对称，也可能造成头颅发育不对称，而且宝宝很难在后期发育过程中自我调整过来。如果家长忽视这个问题，将严重影响宝宝的外貌。因此家长要注意宝宝睡眠时头部的偏向应保持两侧均匀。

穿衣

家长为宝宝选择衣物时一定要选择舒适、宽大、柔软、安全、易穿脱、吸水性强、透气性好的。

这个月龄段的宝宝生长发育仍然很迅速，不仅活动量与前几个月相比有了明显的增加，而且活动范围和幅度都大大增强。因此，家长一定要为宝宝准备宽松、舒适且合体的衣物。宝宝的袖口和领口过紧，或者衣服的袖子、裤子过长，都会妨碍宝宝的活动。整体瘦小的连衣裤甚至会影响宝宝的正常发育。

4—6个月宝宝的感知觉会更加灵敏，如果穿着不舒适，宝宝会感到难受且开始哭闹。此外，这个月龄段的宝宝由于喂食、长牙刺激流口水等原因，常常会弄湿、弄脏衣服，需要经常换洗。所以要多为宝宝准备几套衣服，如果口水太多，可以给宝宝戴个吸水性较强的围嘴，既方便又好清洗。

▲ 为宝宝选择舒适合身的衣物

如厕

4—6个月宝宝的排便也比前几个月更有规律，通常大多数的宝宝每天排便1—2次，并能基本形成固定的排便时间。

如果这个阶段宝宝开始吃辅食，摄入的含纤维多的食物相对较少，有些宝宝的排便次数可能就不那么正常了，有的甚至要两天才能排出大便。这时家长可以适当给宝宝吃一些菜泥或果泥，帮助其排便。

（四）疾病预防与护理

宝宝6个月后，从妈妈体内带来的免疫球蛋白会因分解代谢而逐渐下降，最终全部消失，再加上宝宝可能逐渐减少母乳的摄入，免疫因子摄入数量降低，但此时宝宝自身的免疫系统还没发育成熟，免疫力较低，所以这个时期要特别注意预防各种传染病及呼吸道和消化道的感染性疾病，尤其常见的是感冒、发烧和腹泻等。这些常见疾病此前已经有过介绍，本章主要向家长介绍4—6个月宝宝需要接种的疫苗以及其他常见的小儿疾病预防与护理。

疫苗接种

这一月龄段仍然是宝宝接种疫苗的"密集期"，家长每个月都要带宝宝去医院接种疫苗。4—6个月宝宝必须接种的一类疫苗有以下几种：

4 月龄 脊髓灰质炎疫苗—第三针；百白破疫苗—第二针；

5 月龄 百白破疫苗—第三针；

6 月龄 乙肝疫苗—第三针；A群流脑疫苗—第一针。

接种完疫苗以后，家长不要马上带宝宝回家，应在接种点休息半个小时左右。在此期间家长应当用棉签按住针眼几分钟，不出血时方可拿开棉签，不可以在按压时揉搓宝宝的接种部位。如果宝宝出现高热和其他不良反应，应及时请医生诊治。

接种不同的疫苗后产生的反应也不同，如接种百白破疫苗后宝宝的接种部位可能会出现硬结，家长可以在接种后第二天开始进行热敷，以帮助硬结消退。少数宝宝在接种乙肝疫苗后可能会出现荨麻疹等过敏反应，这时家长最好及时带宝宝去医院就诊。

肠套叠

肠套叠是2岁内的宝宝在春末和夏季容易患的急性腹症，患病时宝宝的一段肠管会套入与其相连的管腔内，引起腹痛。这个阶段的宝宝腹痛时不会用言语表达，多用哭闹来表示自己难受。因此家长要注意，当宝宝出现阵发性哭闹、腹部摸到包块、排出果酱式大便等状况时，便可以断定宝宝得了肠套叠，要立即将宝宝送往医院进行治疗。

肠套叠多数是由肠道蠕动节律异常引发的，如患有急性肠炎、急性腹泻，引发肠蠕动混乱。此种疾病男宝宝发病率比女宝宝多2—3倍。

日常生活中家长要注重对宝宝进行科学喂养，不要过饥过饱，添加辅食要循序渐进，不要操之过急。同时，家长要注重天气的变化，及时为宝宝增减衣服，预防各种容易引发肠蠕动混乱的因素产生。

中耳炎

中耳炎是宝宝多发的一种耳部疾病。这一月龄段的宝宝由于免疫力低下，容易感冒，而婴儿的咽鼓管相对成人的更平坦和短粗，接近水平位置。鼻咽部感染后，病毒很容易在擤鼻涕时进入宝宝的耳鼓室，引发炎症。

一旦家长发现宝宝持续地摸耳朵、挠耳朵、揪耳朵、躁动不安、摇头、耳内有液体流出或者宝宝对你的呼唤几乎没有反应时，要考虑宝宝是不是患有中耳炎，并及时带宝宝去耳鼻喉科进行检查。

4—6个月的宝宝由于不会说话，被发现时往往病情已较严重，甚至可能导致永久性听力下降和耳聋，因此家长应该以预防为主。平日应及时防治感冒，如果宝宝不慎患上感冒，家长要用吸鼻器及时为宝宝清理鼻腔中的鼻涕，防止病菌进入咽鼓管，继而引发中耳炎。此外，家长可以调整宝宝的睡姿，多仰卧或侧卧，这两种姿势会增加宝宝睡觉时的吞咽动作，从而增进中耳部位黏液的排流，减少病菌存留的机会。吸烟的家长要注意不要在家中抽烟，宝宝吸入二手烟可能会诱发中耳炎。

（五）安全

4—6个月的宝宝白天醒着的时间逐渐增多，虽然自己独立坐得还不稳，但可以在床上自己翻身。对于这样一个活泼好动，但是又不能自由活动的宝宝来说，很容易因家长的疏忽而导致危险发生。

当家长把宝宝放在婴儿床或者婴儿椅上时，一定要时刻注意照看。如果家长有事需要起身离开，要始终把婴儿床栏或者安全带固定在最高位置并将其扣牢，以防宝宝乱动或者翻身从高处掉下。

4—6个月的宝宝喜欢挥舞着自己的小手到处乱摸乱抓，还喜欢把抓到手的东西塞入口中。家长需要时刻警惕，防止宝宝无意间摸到热的物体（烤箱或小型供暖器、卷发棒、点燃的烟、热饮料杯等），同时要注意让宝宝远离对健康有害的物品，如药品、清洁用品、化妆品、化学制品等。

▲ 固定好婴儿床的围栏

二、4—6个月婴儿的教育建议

（一）动作方面

亲子被动操
活动目标
1.帮助宝宝锻炼体能，促进宝宝体格发育，及手臂、腹部、腿部力量的发展。
2.促进宝宝神经系统的发育。
3.增加宝宝与家长之间亲子互动的机会，使宝宝心情愉快。
前期准备
柔软的垫子、宽松的衣物、小玩具等。
互动要点
第一节：胸部运动
预备姿势：宝宝仰卧，家长双手握住宝宝的手腕。
（1）两手左右分开，向外平展，手臂与身体的夹角呈

90度，保持掌心向上；（2）两手在胸前交叉；（3）同第（1）步的动作；（4）还原。重复两个八拍。家长要注意，两手分开时可以稍微用力，两手胸前交叉时要放松。

第二节：屈肘运动

预备姿势同上一节运动。（1）向上弯曲左臂肘关节；（2）还原；（3）向上弯曲右臂肘关节；（4）还原。重复两个八拍。

第三节：肩关节运动

预备姿势同上。（1）握住宝宝的左手顺时针呈圆形做旋转肩关节动作，重复四拍；（2）握住宝宝的右手逆时针做同样的动作，重复四拍。

第四节：上肢运动

预备姿势同上。（1）两手左右分开，向外平展，手臂与身体的夹角呈90度；（2）两手向前平举，两掌心相对，距离与肩同宽；（3）两手胸前交叉；（4）两手向上举过头，掌心向上，动作轻柔；（5）还原。重复两个八拍。

第五节：踝关节运动

预备姿势：宝宝仰卧，家长左手握着宝宝的左脚踝，右手握着宝宝左脚前掌。（1）将宝宝的脚尖向上，屈踝关节；（2）脚尖向下，伸展踝关节；（3）换右脚做相同动作。重复两个八拍。

第六节：下肢伸屈运动

预备姿势：宝宝仰卧，两腿伸直，家长双手握住宝宝的两条小腿，交替伸展膝关节，做踏车样动作。（1）左腿屈缩到腹部；（2）伸直；（3）右腿屈缩到腹部；（4）伸直。重复两个八拍。

第七节：举腿运动

预备姿势：宝宝仰卧，两腿伸直放平，家长两手掌向下，

握住宝宝的两膝关节。（1）将两腿伸直上举90度；
（2）还原。重复两个八拍。

第八节：翻身运动

预备姿势：宝宝仰卧，家长一只手扶着宝宝的胸腹部，
一只手垫在宝宝背部。（1）帮助宝宝从仰卧转体为侧
卧；（2）从侧卧转体到俯卧；（3）从俯卧再转体到仰
卧。重复两个八拍。

温馨提示

1. 做被动操宜在吃奶前半小时，或吃奶后1小时进行。

2. 做操前，家长可以先做抚摸和按摩动作，使宝宝处
于轻松的状态。

3. 做被动操的过程中，如若发现宝宝有不适或不高兴
的现象，应该立即停止。

（二）认知方面

认物小练习

活动目标

1. 通过认物让宝宝的感知觉能力和记忆力得到提升。

2. 让宝宝对周围的环境、物品等产生兴趣，使其熟悉身
边的物品。

3. 增加亲子互动的机会，提高宝宝与家长之间的亲密度。

前期准备

台灯，或者家里其他可以吸引宝宝的小物品。

互动要点	1. 家长可以抱着宝宝来到台灯前，指着台灯告诉宝宝这是"灯"，同时打开或关上台灯。当宝宝的注意力被一亮一暗的台灯吸引时，家长可以边按开关边不停地重复"灯"的发音。家长的语气和语调都会吸引宝宝的注意，反复几次之后，家长还可以让宝宝用手去摸摸台灯，或者更近一点观察台灯的一亮一暗。 2. 游戏结束后，家长可以抱着宝宝远离台灯，然后问宝宝："宝宝，台灯呢？到哪里去了呀？"观察宝宝的表现，如果宝宝能转头看向台灯的方向，说明宝宝暂时记住了。
温馨提示	在进行认物练习的时候，家长要注意观察宝宝的反应，一定要保证宝宝对这项活动是感兴趣的，如果宝宝出现厌烦或者不安的情绪，家长要停下来，等宝宝的情绪稳定后再通过游戏与宝宝互动。

（三）语言方面

	叫名字
活动目标	1. 训练宝宝对语言的反应能力，并让宝宝记得自己的名字。 2. 通过训练宝宝对自己的名字产生反应，促进自我意识的萌芽。 3. 增加宝宝与家长之间的互动，提升亲子关系。
前期准备	无。

1

互动要点	1.家长可以在宝宝睡醒后，或一个人玩时，在不同的地方叫宝宝的名字。当宝宝听到名字转向家长后，家长可以笑着对宝宝说："宝宝你真棒，知道爸爸/妈妈在叫你。"然后亲一亲宝宝，让宝宝感受到家长的爱和关心。 2.日常与宝宝互动时，可以有意识地用宝宝的名字来呼唤他。此外，家长可以经常用轻柔的语气告诉宝宝他自己的名字，训练宝宝对自己名字的初步记忆。
温馨提示	游戏可以由爷爷奶奶或者其他家庭成员一起轮换着叫宝宝的名字。当宝宝有反应时，家长应及时鼓励、强化。

（四）情感与社会性方面

	摇篮曲
活动目标	1.满足宝宝对妈妈的依恋，建立亲子间的安全依恋关系。 2.培养宝宝对音乐的感知能力。
前期准备	无。
互动要点	妈妈哄宝宝睡觉时，可以将宝宝搂抱在怀里，轻声哼唱摇篮曲，随音乐轻轻地摇晃宝宝，并不时轻拍宝宝的背，让宝宝宁静地入睡。

温馨提示

1.5 个月左右的孩子有短暂的记忆力，妈妈为宝宝唱摇篮曲不仅能使宝宝记住妈妈的声音，让宝宝在音乐声中入睡，还可以培养孩子的音乐感。

2.妈妈唱摇篮曲的音调要温柔、亲切。

三、4—6 个月婴儿的发展评价

当满 6 个月的宝宝不能达到下述指标时，家长应高度重视，必要时应及时向儿科医生或保健专家进行专业咨询。

宝宝 4—6 个月时的表现		
1. 孩子的身长、体重和头围随着月龄增长逐渐增加。	是 ○	否 ○
2. 探索自己的手以及拿在手中的东西。	是 ○	否 ○
3. 能拿住并摇晃摇铃。	是 ○	否 ○
4. 能伸手去够，并抓住物体。	是 ○	否 ○
5. 对拍手游戏和躲猫猫等游戏表现出兴趣。	是 ○	否 ○
6. 会微笑和大声笑，逗引时会发出兴奋的高音或尖叫声，会自己发出"o""a"等声音，喜欢别人跟他说话。	是 ○	否 ○
7. 能够翻身，能靠着东西坐。	是 ○	否 ○

8. 喜欢看颜色鲜艳的物体，两只眼睛能同时跟随移动的物体。　　　　是 ○　　　否 ○

9. 喜欢玩脚和脚趾头，会把手上抓握的物体或自己的脚放进嘴巴里。　　　是 ○　　　否 ○

10. 能识别自己的名字，对他人叫自己名字有反应，如会转过头来。　　　是 ○　　　否 ○

11. 开始认生，认识亲近的人，见到陌生人表现出害羞或焦虑。　　　　　是 ○　　　否 ○

12. 对周围各种声音、物体表现出兴趣。　　是 ○　　　否 ○

13. 能区别出他人说话的语气，受到批评会有所反应。　　　　　　　　　是 ○　　　否 ○

14. 有明显的害怕、焦虑、哭闹等反应。　　是 ○　　　否 ○

第四章
7—9 个月婴儿的发展特点与家庭教养指导策略

一、动作发展

7—9 个月宝宝的动作发展与前几个月相比有了显著的变化与发展。一方面，7 个月之后宝宝的动作开始有了意向性，另一方面，宝宝的粗大动作和精细动作都有了质的飞跃。

▲ 宝宝倚着沙发尝试站立

▲ 表 4-1　7—9 个月婴儿的动作发展

月龄	粗大动作	精细动作
7—8 个月	• 俯卧时能将头抬到 90 度或更大的角度。 • 俯卧时能利用双手支撑，使得自己的胸部抬离床面。 • 能凭借自己的力量挪动身体和向不同方向翻身。 • 能在没有支撑的情况下稳稳当当坐一会儿，还能边坐边玩。 • 可凭借自身的力量手脚并用，企图向前爬，活动的愿望强烈。 • 当被熟悉的成人抱时，喜欢站在人的膝盖上，被成人扶着腋下时，能够上下跳跃。	• 能够通过自身的活动实现自己的目的，比如翻身取物。 • 喜欢用自己的手抓东西往嘴里送。 • 两只手能够同时抓住两个玩具，能将物品从一只手转移到另一只手中，从一侧向另一侧转动，并反转。

月龄	粗大动作	精细动作
	▪ 能在有支撑的情况下站立。	
8—9个月	▪ 能在没有外力支撑的情况下独自坐起。在坐的时候能够自如地左右扭转上半身。尽管有时会往前倾，但能用手进行支撑。 ▪ 躺卧位时能够灵活地翻身。 ▪ 扶立时背、髋、腿能伸直，搀扶着能站立片刻，能抓住栏杆从坐位站起，能够扶物站立，双脚横向跨步。也能从坐位主动躺下变为卧位，而不再被动地倒下。 ▪ 能够自己有意识地寻找支撑进行站立，并能初步扶着家具或其他支撑挪动脚步。 ▪ 此时的宝宝已经达到新的发育里程碑——爬。刚开始的时候有的孩子向后倒着爬，有的孩子原地打转，还有的是匍匐向前，这都是爬的过程。等宝宝的四肢协调得非常好以后，就可以立起来手膝爬行了，即头颈抬起，胸腹部离开床面。后过渡至手足爬行，由不协调到协调，可以随意改变方向，甚至爬高。	▪ 喜欢用食指抠东西。 ▪ 会用拇指、食指、中指捏起如纸屑、米粒等小东西。 ▪ 手眼能够更加协调地活动。抓东西时，也不再是简单地抓起来握在手里，而是摆弄抓在手里的东西。更加熟练地把东西从一只手传递到另一只手中，出现了双手配合的动作。 ▪ 玩时不再只玩一样东西，可以同时玩两个或者两个以上的物体。喜欢用一样东西碰击另一样东西，还喜欢撕纸。

婴儿学步不宜过早，不少年轻的父母把婴儿能独自行走看成是可喜的开端，因此总想方设法促使婴儿早日迈出第一步。其实，婴儿过早走路有损健康与发育。

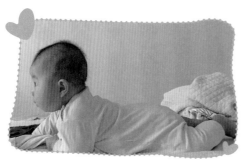

▲ 宝宝尝试爬行

人体骨骼是由骨胶原等有机质和钙盐等无机质组成。这两种物质对骨骼所起的作用是完全不同的。骨胶原使骨骼富有弹性与韧性，钙盐则使骨骼坚硬，两种物质结合在一起，使骨骼具有坚硬而富有弹性且不易折断的特性。这两种物质的含量和比例在不同年龄有一定差别。儿童期骨骼中含有机质多，钙盐较少。

所以，儿童不易发生骨折，即使发生骨折时，也多非完全性断离；老年时有机质少、钙盐多，易发生骨折，但不易变形。青壮年时期则处于均衡状态。由于骨骼的这些特点，婴儿如果过早走路，因骨骼尚未达到一定的坚硬程度，易发生骨骼变形。孩子走路时间的早晚与智力、体质没有直接关系。因此，过早地强行拉着孩子学走路是不可取的。

▲ 宝宝趴坐着

7—9个月的宝宝要不要使用学步车

  7—9个月的宝宝正处在大运动的爬行敏感期，是宝宝对外部环境进行认知、学习、掌握的月龄段。这个时期训练宝宝爬行会事半功倍。但宝宝从8个月开始，就喜欢扶物站立了。宝宝喜欢扶着沙发走，喜欢拉着爸爸妈妈的手走，这个时候宝宝对走路就产生了兴趣。那么，此时要不要给宝宝买学步车呢？答案当然是不要。首先从宝宝生长发育的角度来说，8—9个月的宝宝骨骼发育达不到理想的状态，甚至还有些宝宝有缺钙的现象，过早使用学步车，就会对宝宝的骨骼产生一定的影响。从运动机能的角度来说，宝宝使用学步车时，是用脚尖拨动着走，脚后跟很少着力，所以宝宝足底的发育就不是很敏感。这个时期要多带宝宝爬行。因为学习爬行，有助于协调能力的发展，也能促进宝宝粗大动作及精细动作的发展，帮助其累积生活经验。如果有些宝宝特别喜欢走路，妈妈可以适当地带着宝宝走路。例如家长可以双手打开，手心朝上，宝宝的两个小手放在家长的手心上，这样可以帮助宝宝把控自己的重心，锻炼宝宝的控制能力。

宝宝小手越来越灵活了，喜欢到处乱画、在餐桌上敲敲打打，我能让他这样做吗

在人体的感觉器官中，眼睛被称喻为"心灵的窗户"，手则为人类赖以生存的最主要部分，因此对于生命刚起步的宝宝来说，手眼协调能力的发展具有重要的意义，爸爸妈妈应该在合适的时间尽早开发宝宝的手眼协调能力，创造发展手眼协调能力的环境，比如进行涂鸦、敲打游戏等。到处涂鸦的宝宝，并不是想画什么，他们只不过是喜欢这种涂鸦的活动，它不仅可以极大地丰富宝宝的精神世界，还可以极好地训练宝宝的手眼协调能力。敲打游戏则会对宝宝小手的左右协调、小肌肉的灵活度发展起重要作用，所以不仅不要限制宝宝的敲打活动，而且可为宝宝提供更多的可敲打的物体来满足宝宝此阶段的需求。

▲ 宝宝咬手指

▲ 宝宝抽纸

另外，爸爸妈妈也要善于捕捉发展宝宝手眼协调能力的契机。每个宝宝的习性爱好均有不同，爸爸妈妈应观察宝宝有什么样的爱好和兴趣，以此拓宽宝宝感兴趣的游戏的范围。爸爸妈妈可以有意逗宝宝，偷偷拿掉他正在玩的东西，让他寻找；爸爸妈妈也可以拿色彩多样的物体突然在宝宝眼前晃动，训练其追踪、捕拿的能力。

▲ 摆弄玩具的宝宝

二、认知发展

7—9个月的宝宝在感知觉、注意力等方面都有了较大的发展，表现在以下方面。

视觉 这个时期的宝宝能较长时间看3—3.5米内的人物活动。宝宝会注意周围环境中新鲜及鲜艳明亮的活动物，拿到东西后会翻来翻去地看看、摸摸、摇摇，表现出积极的感知倾向。视觉范围越来越广，视线能随移动的物体上下左右地移动，能追随落下的物体，寻找掉下的玩具，并能辨别物体的大小、形状及移动的速度。能看到小物体，能开始区别简单的几何图形，观察物体的不同形状。开始出现视深度知觉，这实际上就是一种立体知觉的发展。

◀ 在家中布置丰富的环境

听觉 这个时期的宝宝听觉越来越灵敏，能确定声音发出的方向，能区别语言的意义。能辨别各种声音，对严厉或和蔼的声调会作出不同的反应。能区分肯定句与问句的语气，开始用手、头或声音对简单词做一些适应性动作。如听到"再见"就拍手，听到"谢谢"就点头。能听懂几个字，包括自己的名字及家庭成员的称呼。

◀ 听听不同的声音

触觉 新生儿某些部位的触觉已发育得很好，如当触及小儿口唇及舌尖时，即引起吸吮动作；当触及口围皮肤时，即有开口动作。全触觉定位能力发育较晚，7个月左右的宝宝，当刺激皮肤某点时，手才能准确地抚摸受刺激的部位。

▲ 宝宝摆弄玩具　　▲ 宝宝探索事物

温觉 7—9个月宝宝对外部温度有着较灵敏的反应，但是受到语言表达能力、认知能力等限制，无法及时进行有效的自我保护。

痛觉 痛觉是存在的，如肌肉注射、耳垂取血均可引起哭的反应，但较迟钝。

嗅觉 嗅觉感受器在胎儿时已发育得较好，新生儿对强烈刺激物有较敏感的反应，而对刺激性小的气味则反应迟钝。随着月龄的增长，嗅觉灵敏度也逐渐提升，7—9个月时可鉴别不同的气味（如樟脑丸和香水）。

味觉 宝宝的味觉感受器发育得较好，足月新生儿可对不同味道的东西有不同的反应，对苦、酸味的东西有痛苦及拒绝的表情，对甜的东西更能接受。

▲ 宝宝啃黄瓜　　▲ 宝宝在成人的看护下
　　　　　　　　　　感受水果的特性

随着活动能力的增强，7—9个月的宝宝注意力及视觉方面的发展通过多种感知渠道在活动中表现出来，注意活动更多表现在抓取、吸吮、操作和动作选择上。能关注被遮住的玩具，寻找掉落的东西。表现出对红色玩具更喜欢，听到音乐时有更多专注的反应。

▲ 宝宝喜欢在被子里捉迷藏

7—9个月的宝宝还能将感知到的物体与动作、语言建立联系，通过视觉、听觉及其他感官进一步理解语言。如妈妈可拿一个苹果，对孩子说"苹果"，然后让孩子摸摸、闻闻、尝尝。经过几次活动后，妈妈再说"苹果"时，孩子就知道是什么意思了。

◀ 宝宝通过爬行探索环境

三、语言发展

7—9个月的宝宝语言发展受到生理机制与心理图式的双重影响。宝宝能够判断声源并转向相应的方向，尤其对熟悉的主要照料者，比如妈妈或爸爸的声音更加敏感。这一阶段的宝宝明显变得活跃了，发音明显增多。当宝宝情绪愉悦时，常常会主动发声，发出的声音不再是简单的韵母"a""e"了，而出现了声母"p""b"等。还有一个特点是能够将声母和韵母连续发出，出现了连续音节，如"a-ba-ba""da-da-da"等，所以也称该阶段宝宝的语言发展处在重复连续音节阶段。当然，这一时期宝宝的发声具有随机性，且很多情况下是宝宝对自己声音的一种探索，可能是宝宝自己在用声音做游戏。尽管宝宝还不明白这些词的含义，还不能将其和自己的爸爸、妈妈真正联系起来。但有了这样的基础，不久以后，宝宝就能真正地喊爸爸妈妈了。

▲ 宝宝在爬行中与家人互动

▲ 宝宝与成人积极互动

7—8个月时，宝宝已能把妈妈说话的声音和其他人的声音区分开来，可以区别成人的不同语气，如成人在夸奖他时，他能表示出愉快的情绪，听到成人在责怪他时，能表示出懊丧的情绪。还能"听懂"成人的一些话，并作出相应的反应。如成人说"爸爸呢"，宝宝会将头转向父亲；对宝宝说"再见"，他就会做出招手的动作，这表明宝宝已能进行一些简单的言语交往。9个多月时，宝宝开始能模仿别人的声音，并要求成人有应答，进入了说话萌芽阶段。在成人的语言和动作引导下，能模仿成人做拍手、挥手再见和摇头等动作。

四、情感与社会性发展

这个时期最显著的社会性发展在于认生，对陌生人的出现十分抗拒，对妈妈或其他主要照料者的情感依恋十分强烈。自我意识有了进一步的萌发，7个月的宝宝对镜子中的自己有拍打、亲吻和微笑的举动，会移动身体拿自己感兴趣的玩具。8个月时喜欢让成人抱，当成人站在宝宝面前，伸开双手招呼宝宝时，宝宝会展现出微笑，并伸手表示要抱。懂得成人的面部表情，成人夸奖时会微笑，训斥时会表现出委屈。9个月时自己可以拿奶瓶吃奶或喝水，瓶子不会掉下来，会与成人一起做游戏，如成人将自己的脸藏在纸后面，然后露出脸让孩子看见，孩子会高兴，并主动参与游戏，在成人上次露面的地方等待着成人再次露面。

◀ 宝宝开心地笑

◀ 宝宝对新环境有点陌生

7—9个月宝宝认生的主要原因就在于自我意识的萌发，这使其对周围环境有了进一步的认识，能够初步区分可以依恋和照顾自己的"亲"人和陌生人，自我保护意识也有所增强。同时受到认知水平影响，这一时期的宝宝容易产生陌生人焦虑，大约50%—80%的宝宝都会有认生期，一般从6—7个月开始，有的宝宝在4—5个月的时候就开始对陌生人哭闹，有的宝宝到了

1岁多才出现认生现象。因此，认生因人而异。认生情况可能会持续几周甚至半年，它并不是坏事，而是宝宝自我保护的本能。

然而，无论在家庭中还是在户外，遇到陌生人都是难以避免的事。那么如何缓解宝宝的焦虑情绪呢？首先，爸爸妈妈应当及时给予宝宝温柔的拥抱和安慰。如果他真的害怕，就别让孩子和陌生人在一起。带孩子见陌生人时，要轻轻抱抱他，然后平静地告诉他那边的人是谁。若宝宝因他人而焦躁不安，就请求他们慢慢地离开，或让他们轻声谈话。记住，即使陌生人意外的动作或大声的讲话，也能使孩子恐慌。另外，建议爸爸妈妈在确保安全的前提下带宝宝到外面接触不同的人，为宝宝提供与人交往的环境，帮助其完全克服怯生，尤其要让宝宝和同伴玩耍，这对促进其语言发展、锻炼交往能力、培养良好的素质都十分重要。

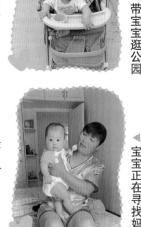

▲ 带宝宝逛公园

8—9个月的宝宝开始真正掌握客体永久性的概念。也就是说，他们开始明白一个物体离开他们的视线时，不代表它不复存在，而只是暂时离开他们的视线。这是一个巨大的里程碑，正是这种认知能力使宝宝出现了分离焦虑。只要妈妈不在身边，就开始烦躁不安、哭闹不止，表现出来特别黏妈妈的样子。

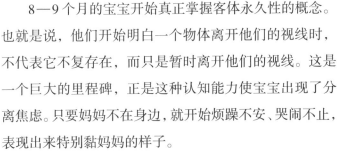

▲ 宝宝正在寻找妈妈

分离焦虑并不是每个宝宝都会体验的，有些妈妈全职在家，很少和宝宝"分离"，因此宝宝可能也并没有很深刻的分离体验。而对于一些职场妈妈，每天和宝宝分离则成了她们必须面对的事情。千万不要因为害怕宝宝哭闹而偷偷溜走。和宝宝告别要有仪式感，给宝宝一个大大的拥抱，告诉宝宝你什么时候会回来，你会想念他等。一旦离开不要反复折返，这样反而会造成对于宝宝情绪的二度刺激。

▲ 宝宝通过吸吮手指安慰自己

在陪伴宝宝的时候，要智慧地使用多种方式帮助宝宝学会接受分离。宝宝总是希望和妈妈在一起的，所以当你离开时宝宝会十分焦虑，较好的办法是，

每次你离开房间时，都保证宝宝和另一个熟悉的人在一起。要是宝宝分离焦虑较为严重，就要缩短出行的时间。此外，平时可以和宝宝玩一些类似躲猫猫的游戏，让宝宝意识到即使爸爸或妈妈暂时离开了自己，也还是会回来的。要让宝宝有安全感，帮助孩子巩固客体永久性的概念。

▲ 得不到妈妈的回应很生气

一、7—9 个月婴儿的养育建议

（一）7—9 个月婴儿的生长与保健

宝宝满 7 个月之后，生长发育的速度总体上比前几个月有所下降，身长、体重等的变化幅度与之前相比会有所减小，但各项生长指数的绝对值仍在不断增长。尽管每个宝宝的生长速度存在个体差异，但是仍有一定的数据可以作为爸爸妈妈的参考依据。一般而言，男婴和女婴的生长情况在生命早期是存在较显著的性别差异的。

就身长而言，满 7 个月的男婴的平均身长约为 70.1 厘米，女婴为 68.4 厘米左右。到了 8 个月时，男婴的身长平均约为 71.5 厘米，女婴约 70 厘米。从 9 个月开始，宝宝将从圆滚滚的体型逐渐转换为更加修长的体型，身材比例也有了更加明显的变化。体态已不像刚出生时那样，即头部很大且上半身和下半身比例相当，此时头部与四肢的比例显得更协调，全身显得更加修长和匀称，已初步具备幼儿的体型。此时期，男婴的身长平均约为 72.7 厘米，女婴身长平均约为 71.3 厘米。需要注意的是，以上的数据只对应月龄段内宝宝的一般发展情况，是基于大数据的研究结果。实际上，每个宝宝的生长速度存在个别差异，每个宝宝自身的生长发育速度不总是保持在相同的水平上的，测量的数值也不一定时刻都和均值持平。宝宝的早期生长发育是动态的，也是多样的，爸爸妈妈可以依据婴幼儿身长增长的百分位曲线图，连续、动态地监测宝宝的身长的增长情况。

体重

体重也是反映宝宝生长发育的重要指标。7个月男婴体重平均约为8.6千克，女婴约为8.21千克。到了8个月，男婴的体重平均约9.1千克，女婴约为8.5千克。满9个月时，男婴体重达7.2—11.3千克，平均为9.3千克；女婴体重达6.6—10.5千克，平均体重为8.8千克。此时宝宝的体重与身长相比有更大的不稳定性，数值波动的幅度也更大，这主要受后天家庭喂养的影响。如果这几个月宝宝不太爱吃东西或生病了，抑或是辅食与奶量供应不足或搭配不合理，宝宝的体重很可能会降低。相反，如果这期间宝宝能够获得充足的奶量和高质量的辅食，且进食与吸收状况良好，宝宝的体重便会有较显著的增长。需要注意的是，宝宝的体重不是每月匀速增长的，因此，需要爸爸妈妈进行连续的监测才能跟踪宝宝体重增长的内在规律。此外，宝宝的身长和体重一样，都能使用生长曲线进行记录。

头围

头围增长和身长体重的情况一样，月龄越小，增长越快；月龄越大，增长越慢。一般宝宝出生时平均头围约为34厘米，到了满7个月时，男婴头围平均约45厘米，女婴约44.2厘米。满8个月时，男婴头围平均约为45.1厘米，女婴约44.3厘米。此时宝宝头围的增长速度进一步放缓，平均增幅在0.6—0.7厘米之间。9个月男婴的头围平均为45.5厘米，女婴头围平均为44.5厘米。因头围的增长幅度相对较小，测量起来需要比较精确和细致，爸爸妈妈在进行测量之后要及时记录并审慎判断。

这一月龄段，囟门的发育也十分关键。7个月的宝宝前囟尚未闭合，缝隙一般在0.5—1.5厘米之间，个别的已经出现膜性闭合。有些爸爸妈妈担心宝宝前囟闭合过早会影响大脑发育。其实，如果宝宝头围发育是正常的，没有其他异常症状和体征，没有贫血，也没有过多摄入维生素D和钙剂，爸爸妈妈可以进行动态监测，不必过于着急。

乳牙

一般来说，宝宝到了 6—8 个月时，乳牙会开始萌出。当然，有的宝宝乳牙萌发得较早，最早的可在 4 个月，也有的宝宝乳牙发育较晚，可能在 12 个月才萌出。宝宝乳牙萌出的数目可以用公式进行估算：月龄 -6< 乳牙数量 < 月龄 -4。例如，9 个月的宝宝，其乳牙数量在 3—5 颗之间。

宝宝的乳牙萌出时间并不是绝对的，存在着个体差异，但宝宝乳牙发育过晚，爸爸妈妈就需要及时给予重视。宝宝出牙晚跟遗传有很大关系，如果父母的牙齿状况不太好，那么宝宝的牙齿发育状况可能就不太乐观。父母可以主动询问医生怎么帮助宝宝，使其牙齿发育得更好，医生会给出专业的建议。另外，宝宝的出牙情况还与妈妈孕期的营养摄入有关，若钙剂及维生素 D 摄入不足，则有可能导致宝宝因营养缺失而出牙较晚，但此时不宜盲目补充营养素，而是应通过辅食保证宝宝饮食均衡，并多带宝宝晒太阳，促进钙的吸收，改善营养不足的情况。疾病对宝宝出牙也有很大影响，如果宝宝患有佝偻病、甲状腺功能减退等系统性疾病，会影响宝宝的出牙时间。

宝宝乳牙的萌出按照一定的顺序进行，通常是最先长出两颗下中切牙（下门牙），然后长出两颗上中切牙（上门牙），再长出上侧切牙、下侧切牙。多数宝宝到 1 岁时已长出 4 上 4 下，共 8 颗乳牙了。接着再长出上下 4 颗第 1 乳磨牙，这些牙长出的位置离切牙稍远，为即将长出的乳尖牙（虎牙）留下空隙。略有停顿后，4 颗尖牙再从之前的空隙中长出，最后长出的 4 颗是第 2 乳磨牙，其位置紧靠在第 1 乳磨牙之后，一般在 2 岁到 2 岁半时，20 颗乳牙全部长出。如果超过 13 个月仍未出牙，称为乳牙萌出延迟，请及时就医。

在孩子生长发育期间，许多不良的口腔习惯会直接影响牙齿的正常排列和上下颌骨的正常发育，从而严重影响了孩子面部的美观。因此，下列不良习惯应及时纠正。

首先，有相当一部分宝宝在添加辅食之后，咀嚼食物常常固定在一侧，这种一侧偏用一侧废用的习惯形成后，易造成单侧咀嚼肌肥大，而废用侧因缺乏咀嚼功能的刺激，使局部肌肉发育受阻，从而使面部两侧发育不对称，造成偏脸或歪脸。

此外，宝宝一般在3—4个月时，有吮指习惯，一般在2岁左右逐渐消失。如果3岁后还常有这种动作，就属于不良习惯了。由于手指经常被含在上下牙弓之间，牙齿受到压力，使牙齿在正常方向上的长出受到阻力，从而形成局部小开牙，即上下牙之间不能咬合，中间留有空隙。同时由于经常做吸吮动作，两颊收缩使牙弓变窄，形成上切牙前突或开唇露齿等不正常的牙颌畸形。

再者，还有的宝宝在睡觉时喜欢偏侧睡，这种睡姿使颌面一侧长期受到固定的压力，造成不同程度的颌骨及牙齿畸形，两侧面颊不对称。

最后，一些宝宝喜欢含奶嘴睡觉或躺着吸奶，这样奶瓶压迫上颌骨，而宝宝的下颌骨则不断地向前伸，长期反复地做如此动作，可使上颌骨受压，下颌骨过度前伸，形成下颌骨前突的畸形。

（二）喂养保健

▲ 吃饱后很满足

随着月龄的增长，宝宝的身长和体重快速增长，胃肠道等消化器官发育得已经相对完善，可以消化母乳以外的多样化的食物，同时其口腔运动能力、味觉、嗅觉、触觉等也已做好接受新食物的准备。因此，应在宝宝身体健康时添加辅食，添加的原则是食物的数量从少到多，种类从一种到多种，性状从稀到稠，颗粒从细到粗。循序渐进，习惯一种后，再添加另一种。

在给宝宝添加辅食的过程中，要少食多餐，添加的量从少量开始（最好从1—2勺开始），以后逐步增加。喂辅食时要使用勺子，不要放在奶瓶里喂。

辅助食品的添加形式应由泥糊状食物过渡到固体食物。给满6月龄的宝宝添加第一种泥糊状食物，一般是能满足其生长需要、易于吸收、不易产生过敏症状的谷类食物，如婴儿米粉；其次是根茎类蔬菜与水果。在宝宝适应多种食物的单独喂养后，可以进行混合喂养，如米粉伴香蕉泥等。食物的硬度或大小应适度增加，以适应婴儿咀嚼吞咽功能的发育。

添加新的辅食时，一定要保证宝宝是健康、消化功能正常的，千万不要着急为宝宝添加辅食，以免造成宝宝的消化不良，影响宝宝的健康和营养吸收。另外，7—9个月时宝宝的肠胃还比较脆弱，很多成人吃的东西对于宝宝来说很难消化，所以应该按照宝宝的发育情况，给其喂养合适的辅食，而非以成人的食物喂养，即使菜汤也不适合此阶段的宝宝。

在添加辅食时，还有以下几点注意事项：

第一点 每种食品的尝试通常要 2—3 天，每次用小勺喂，待宝宝接受后再添加另一种食物，并逐步增加辅食量至每天 1 餐。但需要注意的是：添加辅食时也不要放弃母乳喂养。一方面，宝宝的消化系统适应辅食需要一个过程，这期间宝宝尽管能够吃进不少东西，但肠胃不一定都能消化吸收，吃下去的辅食可能还会原样排出体外，因此，母乳仍然是宝宝主要的营养来源。另一方面，7—9 个月的宝宝每天需要保持 500—700 毫升的奶量，并逐步达到蛋黄 15—50 克，肉禽类 25—75 克，强化铁米粉、厚粥、烂面等谷物类 20—75 克，蔬菜和水果以尝试为主，逐步增加，各为 25—100 克。应逐步停止夜间喂食。白天的进餐时间逐渐与家人一致。可逐步添加碎末状食物，帮助宝宝学习咀嚼，增加摄入食物的能量密度。主要增加动物性食物的食量和品种，如鱼、肉、家禽等。爸爸妈妈要用小勺喂养，并让宝宝习惯用勺。同时，让宝宝学习用手捧杯，成人拿着杯，慢慢地喂宝宝喝水，学习喝水吞咽。

第二点 以上关于各个月龄段喂养的状况是一般情况，什么时候给宝宝提供辅食，还是要依据宝宝发出的"信号"：能够较为稳定地控制头颈部，在有支撑的情况下可以坐稳，比如可以靠在椅子上，并且能坐好；对成人食物有强烈的兴趣，比如家长吃东西时盯着食物看；具有一定的眼手嘴协调能力，看见食物能够伸手去抓，有时候能够抓准，并能准确地放入嘴里；当家长用勺子喂食时孩子会张开嘴，而不再用舌头顶出食物。

也就是说，现在的医学以及营养学已经不强调辅食的添加顺序和时间表了，而主要是根据每个宝宝自身的发展需要以及家庭具体情况为宝宝添加辅食。不过，在添加辅食的时候还是会有顺序的，比如先选择那些不容易过敏且好消化的食物，然后根据情况逐渐增加种类。

第三点 在添加辅食时，应首先添加富含铁元素的食物，如高铁米粉、肝泥、牛肉泥、猪肉泥类等，这些都是血红素铁的来源，是比较易于人体吸收的铁。另外，煮熟的豆腐、豆类和豆制品都是高蛋白的食物。很多人会认为豆制品应该晚些加，或者因可能含有激素而不适合给孩子吃，其实这些担心都是没有必要的，因为豆制品里的类激素不会影响身体健康，只要不过敏就是可以添加的。

第四点 添加辅食的速度以及种类要根据宝宝的需要，建议一次加一样，及时观察后再决定下一步要加什么以及何时加。每加一种食物都观察至少两三天，看一下孩子有无异常反应。如果孩子接受一种食物且不过敏后，就可以添加下一种食物了；如果宝宝过敏的话，就在一段时间（1—4 个月）内暂停添加这种食物，之后可以再次进行尝试。辅食添加不需要都非常缓慢，也不需要总是暂停添加，要根据自己孩子接受辅食的情况进行，尽可能持续不断地增加新的食物种类是非常重要的。

第五点 应当选择具有一定的营养密度、能量密度的优质辅食，建议每 100 克辅食热量不应低于 80 大卡。选择辅食的要点如下：含有高能量蛋白质和微量元素的优质辅食，特别注意须含有铁元素，且性状不能很稀薄；容易吃、好消化；辅食本身干净卫生，准备辅食的过程中保持卫生，因为少量细菌就可能引起宝宝拉肚子；不含有骨头或坚硬的小块，给孩子的食物一定要是软的，一般建议 3 岁以前都不要给孩子吃坚果和植物种子等小块且坚硬的东西；原汁原味，健康清淡，给宝宝吃的辅食要做到不辣不咸，尽可能清淡，保留食物的原味。

第六点 需要注意的是，很多家长认为果汁是非常好的，但实际上果汁就是一个比较典型的不太适合给宝宝吃的辅食，因为水果在变成果汁的过程中损失了大量的纤维素，同时因果汁口味好，宝宝喝惯了果汁就容易拒绝白开水。果汁还容易造成儿童肥胖和龋齿，因此不推荐给宝宝喝果汁和其他甜的饮料。此外，1 岁之前是不用也不应该摄入盐分的，1 岁后可以跟家人一起吃饭，如果家里食物的咸度合适，可以摄入少量盐分。同时，1 岁之前宝宝的食物不应当额外加糖，应尽量保持辅食的原味。如果宝宝不喜欢吃酸味食物，可以尝试在食物中加入甜的水果泥，用食物本身的味道来调味。1 岁前孩子的辅食可以加少量油，比如橄榄油、核桃油等。

第七点 添加辅食的时候，不需要刻意把奶和食物分开，它们都是食物，不存在合在一起无法消化的问题。虽然有些儿科医生认为孩子要适应家庭食物，建议把辅食和奶分开。但是，孩子一开始都是完全喝奶的，之后才慢慢吃辅食，所以在过渡阶段，是可以把奶和辅食混合的。根据自己孩子的情况，慢慢地增加辅食的量，慢慢地将辅食和奶分开。需要注意的是，奶量的减少是一个循序渐进的过程，并不是突然减少的，同时在过渡的阶段要给孩子提供丰富的辅食。

总体来说，营养成分对孩子而言是很重要的。特别是当孩子的胃容量还很小时，他需要的能量和营养密度很高，尤其对于食量少的孩子，要尽可能地在少量的食物中提供更多的营养。种类丰富、合理搭配是健康饮食的最重要的原则。丰富的饮食还可以减轻致敏的概率，也可以使孩子从小养成健康饮食的习惯。

亲职大学堂

宝宝不吃辅食怎么办

来自家长的困惑

贝贝7个半月了，贝贝妈妈发现贝贝不喜欢吃辅食，每次吃都吃得很少，甚至一点都不吃。贝贝爸爸说："不吃就算了，你多喂点奶就行了嘛。"而贝贝奶奶说："小孩不能惯着，还是要喂的，就算吐出来也比一点不吃好。"对此，贝贝妈妈感到很困惑，不知道该如何是好？

专家解答

面对宝宝的养育问题，家庭内部往往会有不同的声音，爸爸、妈妈、祖辈由于生活经历、教育理念等的差异会有不同的教养方式，同一个问题存在分歧是常见现象。但是需要注意的是，无论什么问题，出现不同意见后应当回归到宝宝的发展发育上，将关注的重心放在解决宝宝的养育问题上，并以此为统一战线，心平气和地共同商讨，寻求科学有效的应对方法。

事实上，1岁之前宝宝拒绝吃辅食是普遍现象。相比于喝奶而言，吃辅食相对费劲，需要咀嚼和努力吞咽。当宝宝出现不喜欢吃辅食的情况时，首先要确定孩子是不是身体不舒服，然后最重要的是家长要保持淡定。排除了身体有恙的因素，很多时候孩子可能只是不饿而已。家长应该相信宝宝有知道自己是否饥饿的能力，然后可以在他不爱吃辅食的时候，尝试以下一些方法：

·不管孩子爱不爱吃辅食，都要给他足够的奶，因为1岁以前奶还是主食。

·给他丰富的、有一定能量密度的食物。对于不爱吃辅食的宝宝，一定要给他含有更多营养的食物，让他尽可能多地摄入各类营养素，比如牛油果、豆腐、鸡蛋、胡萝卜、南瓜等。

·切忌强迫孩子吃辅食，家长应当保持耐心，多多尝试。有研究表明，对那些不爱吃蔬菜的孩子，尝试10—15次之后，他们会逐渐接受。

·在宝宝饿的时候、心情好的时候给辅食，给他足够的时间去尝试。

·让宝宝参与全家的进餐行为，比如把宝宝放在自己腿上或宝宝椅上，把他的食物放一些到成人的碗里，夸张地吃给他看，作为示范。

·多给几次辅食，以总量而不是每次的量来衡量宝宝的进食情况，世界卫生组织建议7—9个月每天2—3次，9—12个月每天3—4次，1岁以后是每天3—4次再加1—2次营养零食。

·给宝宝多一些选择，比如孩子会突然不喜欢被喂食，想要用勺子吃或者自己用手抓，那就应该给孩子机会尝试不同的进食方式。

（三）日常护理

日常衣物

7—9个月正是宝宝学走练爬的时期，天性好动的宝宝易出汗，但因生活不能自理，且语言能力有限，致使其无法及时用语言准确地表达自己的感受，即使衣服被汗浸透，贴在身上不舒适，也无法及时表达或自己换衣服。所以，宝宝的衣服大小要适中，适当宽松，样式简单而不要有过多的装饰，且要容易穿脱。在春秋季节，

▲宝宝身穿纯棉衣物

外衣料要选择结实、易洗涤、吸湿性强、透气性好的织物，如纯棉、纯棉混纺等制成的衣物。而在夏季，宝宝皮肤较敏感，容易感到闷热，会生痱子，甚至会发生过敏反应。爸爸妈妈应当及时调整宝宝的衣物，建议选择浅色调的纯棉制品，基本原则是吸湿性好且对阳光具有反射作用。

就内衣而言，由于直接接触宝宝的皮肤，而宝宝的体温调节机能较弱，新陈代谢快且出汗多，所以建议爸爸妈妈为宝宝选择透气性好、吸湿性强、保暖性好的纯棉制品。还应注意，新买的内衣要在清水中浸泡几小时，清除衣服上的化学物质，以减少对宝宝皮肤的刺激和机械性磨伤。内衣不宜有纽扣、拉链及其他饰物，以防弄伤皮肤，可用布带代替纽扣。衣服款式以舒适、宽松为宜。要注意与宝宝胸围腰围相适合，避免出现束胸束腹现象，因为这样会影响宝宝的肺活量及胸廓和肺脏的生长发育。实践证明，胸廓变形的宝宝易患呼吸道疾病。爸爸妈妈为婴儿穿脱衣服时，要经常认真检查。此外，切忌给宝宝穿过于宽大或紧身的衣服，衣袖、裤脚也不能太长，以免宝宝活动受阻。

另外，宝宝衣物的清洁也十分重要。宝宝的免疫系统尚未发育完善，日常接触到的病菌或有害物质容易通过皮肤侵入体内，危害健康。这里给爸爸妈妈提供一些简单而有效的建议。首先，宝宝的衣物要和成人的衣物分开清洗。其次，建议使用正规厂家生产的专门的婴幼儿洗衣液。最好能避免使用含有增白剂的洗涤产品，因为增白剂会对宝宝皮肤产生刺激，进入身体后，还能和人体中的蛋白质迅速结合，不易排出体外，进而增加宝宝肝脏的负担，危害宝宝的健康。再次，给宝宝洗衣服时，漂洗很重要。即使用的是专业的婴儿洗衣液，爸爸妈妈也要注意一定要用清水漂洗至少三遍，以水质见清为准，尽量减少有害物质残留。另外，天气允许的时候尽可能将宝宝的衣物放到太阳下晒一晒，起到良好的消毒作用。

除了选择合适的衣物，还应当给宝宝选择合适的鞋。在7个月之前，穿鞋的主要作用是保暖，适合穿软底布鞋，且鞋子的大小要比宝宝的脚略宽。当宝宝到了7个月之后，随着粗大动作的进一步发展，开始学习爬行，活动范围更大，需要用到下肢力量的时间也更多，在爬行的过程中需要用脚部来支撑身体，因此给宝宝选择一双合适的鞋子显得尤为重要。为了使脚部正常发育，足部关节受力尽可能均匀，保护宝宝的足弓，挑选时需要注意以下方面：由于宝宝的脚发育很快，买鞋时可以适当买稍大一些的尺寸，让宝宝穿起来既不会太紧也不会太松。随着宝宝的成长，要尽可能及时更换新鞋，保护足部的生长发育。鞋面尽量选择柔软、透气性好的面料，鞋底要有一定的硬度，不宜太软，最好鞋底前三分之一能够弯曲，后三分之二稍硬一些，不易弯折，鞋跟比足弓略高，以适应脚自然的姿势，鞋底要宽且牢。另外，由于婴幼儿骨骼软，且发育不成熟，因而鞋帮要稍高一些，后部要紧贴脚跟，使踝部不左右摆动，以此来保护宝宝的足部安全。

日常洗护

关于宝宝的日常洗护，前面几个月龄段都有较详细的介绍，7—9个月宝宝的皮肤依然十分脆弱，爸爸妈妈仍需十分小心，按照科学的方法帮助宝宝做好日常清洁与洗护。本月龄段重点介绍关于宝宝屁股的清洗。

天气热了，宝宝的屁股经常捂着厚厚的尿布，红屁股、尿布疹这些烦恼接踵而至，所以，宝宝身上的每一个细节都不能忽视。

宝宝皮肤表面的角质层还没有完全形成，真皮组织较薄，纤维组织少，比较娇嫩。只要护理不当，就会对宝宝的皮肤造成伤害。

保护宝宝的屁股，父母要注意的是以下几点。

（1）及时更换尿布，及时清洗。

宝宝大小便之后，由于尿液长时间地刺激皮肤，或者大便后没有及时清洗，其中的一些细菌使大小便中的尿素分解为氨类物质，刺激宝宝的皮肤。所以家长要时常关心宝宝的情况，及时给宝宝换尿布，大便后用温水清洗，有效保护宝宝，使其远离尿布疹。

（2）棉质地的尿布更环保，但要注意洗涤方法。

在选择尿布时要注意选择质地柔软的，以旧棉布为好，应用弱碱性肥皂洗涤，还要用热水清洗干净，以免残留物刺激皮肤而导致屁股发红。就环保而言，很多专家倡议爸爸妈妈给宝宝使用传统尿布。因为，制造纸尿裤不仅要消耗森林资源、能源和水，而且其中一部分水在生产后会变为污染环境的废水。另外，用后丢弃的纸尿裤在掩埋时，也会产生污染环境的问题。但是选择棉质尿布，要避免质地粗糙、用深色染料染制而成的布料。

（3）注意纸尿裤的尺寸和清洁。

在选择纸尿裤的时候，爸爸妈妈一定注意，不要选择"紧紧包住宝宝屁股"的偏小偏紧的纸尿裤。这是因为偏小偏紧的纸尿裤透气性能差，散热性能也不够理想。男婴使用偏小偏紧的纸尿裤，不利于他们睾丸的发育，甚至有日后罹患不育症的可能性；如果女婴使用的纸尿裤偏小偏紧，则细菌常常会侵犯女婴的屁股，非常不利宝宝的健康成长。所以，爸爸妈妈在给宝宝选购纸尿裤时应掌握这样一个原则：宁松勿紧、宁稍大勿偏小。

此外，纸尿裤目前多为一次性用品，应当时常更换，而且务必选择优质、干净的产品。

（4）给宝宝的屁股上抹点护肤油。

清洗后，给屁股适当抹点护肤油，有助于保护此处的皮肤，可用鞣酸油。

乳牙的护理

牙齿不仅有切割食物、帮助消化的作用，而且还是发育的重要组成部分和面容美观的标志之一。乳牙一般在出生后4—10个月开始萌出，2岁半出齐，共20颗。乳牙的生长对宝宝有重要意义，不仅会直接影响宝宝的食欲，还有可能影响宝宝的面部发育，以及之后恒牙的发育。以下是对爸爸妈妈提出的一些关于乳牙护理的建议，仅供参考。

（1）牙齿的生长与维生素D、钙和磷息息相关。

因为牙齿主要由牙釉质和牙本质构成，其中牙釉质96%由钙和磷组成，而钙的吸收需要维生素D的帮助。因此，婴幼儿时期每天应补充维生素D和钙，可以在辅食中添加钙和维生素D含量丰富的食物，如虾皮、海带、动物肝脏、鸡蛋黄、鱼、绿色蔬菜等。根据宝宝对食物的爱好与倾向以及发育需要，可以用足量的辅食代替1—2顿奶。此外，每天到户外晒太阳也有助于牙齿的发育。

（2）保持口腔卫生从婴儿期做起。

宝宝小时候就可以开始做好口腔的护理工作了，每次喂奶后再喂少量开水用以清洁口腔。在添加了辅食后，更要在进食后及时清洁牙齿和口腔。在条件允许的情况下最好使用宝宝专用的清洁口腔与牙齿的工具和产品。在帮助宝宝清洁的时候，建议爸爸妈妈尽可能保持愉悦的情绪与充分的耐心，让宝宝能感受到现在是在做一件有利于健康的有趣的事情。这样既能让宝宝更好地配合，也能增进亲子情感，更能为之后养成良好的清洁牙齿与口腔的习惯做准备。

（3）预防牙齿和牙颌畸形。

婴儿经常吸吮手指会使前门牙外突。如用奶瓶喂奶姿势不正确，也会直接影响孩子的牙齿发育。正确的喂奶姿势应该是，让孩子半坐式地躺在妈妈怀里，由妈妈拿着奶瓶喂孩子吃。

（4）注意宝宝入嘴的物品。

宝宝长牙时，会觉得牙痒，任何到手的东西他都想咬一咬、啃一啃。另一方面，从心理学上来看，2岁以前的宝宝处于感知运动阶段，喜欢用嘴咬东西，这其实也是一种积极主动探索事物的表现。但是刚萌出的牙，牙根还没有形成，很容易松动，这时要注意给宝宝的玩具应避免金属制的，以防伤害宝宝的牙齿。也不要让宝宝过多地啃咬橡皮奶嘴，否则会影响口腔、颌骨和牙齿的正常发育。

睡眠

7个月的宝宝一天中一般需要15—16小时的睡眠时间，一般白天睡3次，每次1.5—2小时，夜间为10小时左右。到了8个月时，宝宝每天需睡15—16小时，白天睡2—3次。9个月时，每天睡眠时间需14—16小时，白天睡眠的次数有所减少，一般为2次左右。在7—8个月的时候，宝宝会开始从白天的3觉并为2觉作息，容易出现因并觉而导致睡眠作息混乱的情况。而到了9个月时，大部分的宝宝就会形成稳固的上下午各一个小觉的作息，难哄的黄昏觉也就完成了自然过渡。但是，宝宝出现的入睡困难又该如何应对呢？在7个月之前，宝宝一般一天睡3—4次，傍晚的时候会自然而然地入睡，也更加容易被哄睡，但是到了7—9个月之后，宝宝白天睡觉的时间减少，会开始拒绝睡黄昏觉，即使照料者使尽浑身解数也很难将其哄睡，或者只睡10分钟左右。在并觉期间作息也会被打乱，比如某一觉短，所以又睡了黄昏觉，变成3觉，到了晚上则迟迟难以入睡；又或者没有睡黄昏觉，变成2觉，晚上入睡比较早，早晨醒来得早。因此，这一时期应帮助宝宝调整并适应新的作息，爸爸妈妈也要理解和习惯宝宝的作息变化，更好地满足宝宝的生长需要。

（四）疾病预防与护理

疫苗接种

7—9个月宝宝必须接种的一类疫苗有以下几种：

8月龄 乙脑减毒活疫苗—第一针；麻风腮三联疫苗—第一针；

9月龄 A群流脑疫苗—第二针。

便秘

7—9个月的宝宝辅食种类更加丰富、次数有所增加、进食更加复杂，更容易出现功能性便秘。便秘指大便干结或如羊粪状，消化不良是宝宝便秘的常见原因之一，一般通过饮食调理可以改善这一情况。饮食调理包括改吃不含棕榈油的部分水解蛋白配方奶。另外，饮食不足，食物成分不当，肠道功能失常，体格和生理异常等也会引起便秘。

便秘有很多危害，不仅会使有毒物质长时间滞留在体内，损害肝、肾，还可能影响宝宝的生长发育，使其身体存在肥胖、脂肪肝等疾患。最严重的是，长期便秘会影响孩子的智力发育。

配方奶喂养的婴儿容易便秘，通常是由奶粉中的蛋白质和脂肪中的棕榈油不消化引起的。改服不添加棕榈油的小分子蛋白配方奶粉，有助于缓解排便困难和便秘。母乳喂养较配方奶喂养的婴儿较少发生便秘。如果发生便秘，应当增加辅食中膳食纤维的含量，也可适当喝水，或遵医嘱添加益生菌，帮助宝宝消化吸收，治疗便秘。同时，妈妈饮食要清淡，少吃辛辣食物，另外，适当给宝宝做腹部按摩也能缓解便秘。便秘还有以下几点处理办法。

（1）借助药物。

如果宝宝已经便秘三天以上了，可以使用药物来帮助宝宝解决便秘的苦恼，如用"开塞露"栓剂插入宝宝的肛门内，让药液在肠子里保留一段时间后再让宝宝排便，就会很快轻松地排出来。但值得提醒的是：婴儿的胃肠功能发育还不太完善，最好不要长期使用药物来通便。因为这种治标不治本的应急措施若长期使用，容易伤害宝宝的身体，甚至会引起严重的腹泻问题，不到万不得已的时候，建议最好少用，而且一定要慎用。

（2）饮食疗法。

针对婴儿便秘的成因，从调整合理的饮食结构和生活习惯方面入手是最为理想的治疗方法，具体做法如下：首先，把喂养婴儿的奶液适当冲稀一些，增加宝宝水分的吸收，适当延长碳水化合物在肠道内的发酵过程，刺激肠道的蠕动，帮助通便。其次，均衡地喂给宝宝一些五谷杂粮，如红薯、玉米面、麦粉等，因为这些辅食中含有大量的 B 族维生素，可促进肠道肌肉张力，对通便很有帮助。另外，经常给宝宝吃一些蔬菜粥 (将菠菜、芹菜或荠菜等纤维素较多的蔬菜切碎，放入米粥内同煮)，增加纤维素的摄入，以达到通便的目的。

（3）训练定时排便的好习惯。

宝宝因进食后肠蠕动加快，常会出现便意，故一般宜选择在进食后让孩子排便，建立起大便的条件反射，就能起到事半功倍的效果。训练时间一般选在每次主餐一小时以内，父母可以让宝宝在便盆上坐便至少 10 分钟，并在旁边发出一些与大便有关的，如"臭臭""拉拉"等语言信号来诱导他大便。刚开始时，由于成长的个体差异，宝宝不一定会按成人的示意排便，但做父母的对孩子仍要采取轻松、容忍和鼓励的态度，绝对不要给孩子造成身心上的压力，使孩子产生抗拒心理。只要继续坚持，训练一段时间，孩子就会形成对大便的条件反射，逐渐产生便意。

训练过程中，当发现孩子忽然站定不动、睁大眼、合紧嘴、面颊涨红这些便意的表现讯号时，就应该以鼓励和赞许的语气跟孩子说："宝宝要拉了。""宝宝的臭臭要出来啦。"帮助孩子深刻感受便意，并让孩子明白排出粪便是一件很骄傲、轻松的事情，久而久之，宝宝就会习惯排便的感觉，从而最终养成定时排便的习惯。需要注意的是，在训练的过程中要注意宝宝的情绪，不要给宝宝造成紧张、焦虑或受压迫的负面情绪，而是要尽量让宝宝放松。

（4）适当加大宝宝的运动量。

增大宝宝的运动量也有利于帮助排便顺畅。对于还不能独立行走、爬行的宝宝，父母不要长时间把宝宝独自放在摇篮里，应该多抱抱他，并适当辅助他做一些手脚伸展、侧翻、前后滚动的动作，以加大孩子的活动量，加速孩子对食物的消化。对于那些年龄稍大的孩子，父母应多让他在地板上爬行，或让他多尝试行走，甚至还可以拿一些气球让孩子尝试吹，以此增加运动量和腹内压，达到锻炼腹肌的作用。

治疗单纯性便秘的要旨在于改善饮食内容与结构，多补充水分和含纤维素的食物（如谷物、蔬菜等），同时训练排便习惯。药物治疗只在必要时临时使用。

红臀

宝宝腹泻的时候，大便次数增多，如果护理不恰当，就有可能会造成宝宝臀部、大腿内侧、外生殖器、会阴部等处的皮肤发红，严重的话还会出现红点，甚至造成皮肤糜烂、感染，继而发生败血症。所以，爸爸妈妈千万不可掉以轻心，在护理腹泻宝宝的时候更要照顾好宝宝的臀部。发现宝宝的臀部轻微发红时，爸妈可给宝宝使用护臀膏；严重时更要及时送医；每次给宝宝清洗干净臀部后，要让臀部暴露在空气或阳光下一段时间。

食物过敏

7—9个月宝宝的辅食种类更加丰富。如果宝宝的过敏反应很轻微，可以再接着尝试。重点是爸爸妈妈要保持淡定，持续不断地给宝宝提供丰富的食物。如果宝宝的反应比较强烈，最好能及时到专门的医院进行咨询，然后过几月之后再尝试。确定宝宝过敏，特别是食物过敏，主要是通过家庭观察。父母还可带宝宝去做过敏原测试，大一点的孩子可以通过皮肤点刺试验检测环境过敏原。但低龄的宝宝有可能今天过敏，过一段时间就不过敏了，所以确定食物过敏，最好的方法是通过家庭观察，科学地进行尝试。即使是对于鱼虾、海鲜等相对容易过敏的食物，真正过敏的宝宝还是少数，绝大部分孩子是不过敏的。爸爸妈妈没有必要因过度担心而进行预防性的禁止，不能因为怕宝宝过敏就让宝宝错过吃这些食物的机会。小心添加，谨慎尝试，尽可能丰富饮食，尽可能少限制食物的种类。事实上，宝宝在早期吃的食物种类越丰富，孩子的肠道菌群就会越强，营养摄入也会更加多元和全面，孩子1岁后食物过敏的概率反而可能因此而降低。

（五）安全

7—9个月宝宝的动作发展较为迅速，能够更熟练地翻身，活动范围更大，即使在家庭中，也很可能在爸爸妈妈不注意的时候从床上翻下来，或者在爬的过程中磕磕碰碰受到伤害，还有可能会把手指戳进插座的孔里。此外，在出行的时候更要注意宝宝的安全，尽量避免将宝宝带到人多嘈杂的环境中，避免交叉感染等潜在危险，而且在人多的地方容易出现恶性拐卖事件等。在带宝宝出门时要时刻确保宝宝在视线范围之内，有时在逛超市或菜场时容易专注于购物，宝宝坐的婴儿车可能会放置在一边，这是存在安全隐患的。

这一时期宝宝的动作从卧躺变为爬行，动作的发展使得宝宝的活动范围变大，因此要特别注意宝宝的活动场所是安全的。首先，爸爸妈妈要增强安全意识。其次，爸爸妈妈要合理规划家庭空间，尽可能将家里的硬角和锋利的边都包起来，并将较低矮的插座也包起来，提供较安全的活动空间。再次，爸爸妈妈要确保宝宝的身边时刻有成人陪护，要禁止宝宝到高处，要确保玩具的安全性。最后，爸爸妈妈还应当及时排除宝宝身边潜在的危险。注意地板上、桌椅下的电线以及墙角边的电源插座，用保护盖盖住这些电线和插座，防止宝宝用手抠。平时经常使用的电吹风、卷发器、微波炉等电器，要注意一旦使用完，就立即将插头拔掉，把电线全部放到较为隐藏的地方，不要让宝宝拉扯。宝宝在爬行的过程中，很容易被门夹到。爸爸妈妈可以选用安全门卡来保护好孩子，以防门夹住孩子的手指。还要将妈妈的皮包放到宝宝接触不到的地方，因为包里经常装有药物或者是化妆品，皮包会经常沾到这些化学物品的粉末。若宝宝在爬行的过程中接触到此类物品，很可能会放进嘴里，严重的话还可能会造成中毒。

对于会爬的宝宝，洗澡时要格外留心。因为宝宝很有可能在妈妈稍不留意时移动身躯，而浴室往往比较滑，很容易使宝宝受到伤害。因此，千万不要让孩子一个人在浴室中，即使出去接个电话也不行。此外，最好在浴室中铺上防滑垫，以防宝宝出现意外。许多所谓的"安全事故"，往往就是家长没有引起足够的重视或者疏忽导致的悲剧。有条件的话，建议给宝宝的床以及活动场所周围（比如爬行垫周围）安装有一定高度且较坚固的防护栏，以防万一。

此外，在家中尽可能不要使用桌布，如果要使用也需要避免桌布边角过长而拖到地面上，如果宝宝在爬行的过程中碰到了桌布，他们很有可能会用力地拉扯桌布的一角，桌上的东西就会掉下来。

在日常生活中，推车已经成了宝宝的必备品。一辆推车，如同宝宝的微型房间，睡卧坐躺，一切都是那么容易、简单，这的确给爸爸妈妈带来不少方便。但是如果推车使用不当，也会给宝宝带来伤害，因此了解推车的安全非常必要。

以下四个注意事项是家长必须谨记的。

首先，要做好使用前的安全检查、准备。比如检查车内的螺母、螺钉是否松动，如果松动要加以固定；检查坐垫的躺椅部分是否灵活可用；检查轮闸是否灵活有效；宝宝乘坐推车时，必须系腰部安全带。腰部安全带的长短，根据宝宝的大小进行调整，松紧程度以放入成人四指为宜，调节部位尾端最好多余3厘米。

其次，要注意宝宝乘坐时的安全。宝宝有可能从车上掉下来而受伤，因此应当确保在腰部、胯部的安全带已经系牢的情况下使用。宝宝坐在车上时，不要在车筐以外的地方吊挂包裹、物品。推车有可能因翻倒而导致宝宝掉下来并受伤，所以不应当将身体压在车把上或加以过重的压力。在有坡度的地方，推车可能会自动滑行，有可能翻倒并造成宝宝受伤，所以宝宝乘坐、成人转身或去其他地方拿物品时，必须固定好轮闸，并确认推车不会移动。在带宝宝乘坐地铁或其他需要移动推车的情况下，不应当让宝宝坐在推车中，建议一手抱婴儿，一手拎车子，同时必须确认左右两侧的滑轮锁处于完全锁好的状态。

在推行时也要十分注意宝宝的安全。不要抬起前轮而单独使用后轮推行，因为这会容易造成后车架弯曲、断裂。推车出行时，不要推行过快，最好以普通速度推行，这样宝宝比较舒适。沾上沙土的车架不要放置不管，需要及时清理干净，如果滑动装置中掉入沙土，推车可能会变得不能开闭。不要将推车放在火源的附近，因为塑料件有可能因高温而变形，造成不能正常使用。在使用中，推车可能沾上泥土，清洁时用清水清洁，清洗后擦干。不要使用稀料等挥发性溶剂清洗推车。

二、7—9个月婴儿的教育建议

7—9个月的宝宝动作有了进一步的发展，活动范围更大，视觉听觉等感知能力有所提升，自我意识进一步增强，也就对活动和探索周围世界有了更加积极的愿望。对于宝宝来说，游戏既是满足心理需要和获得愉悦情绪的重要方式，又是探索世界的重要渠道。另外，宝宝白天的睡眠时间随着月龄的增加有所减少，有了更多清醒的"闲暇"时间，在生理需求获得满足时，有更加充足的精力参加游戏和社会活动。而7—9个月的低龄宝宝主要的生活场所是家庭内部，因此，作为主要照料者的爸爸妈妈，有义务也有责任把握宝宝这一发展关键期，结合宝宝的发展需要与兴趣，以及家庭中的客观情况，充分发挥已有资源，与宝宝共同进行亲子游戏。亲子游戏不仅有利于培养亲子感情、建立稳定的依恋关系，还有利于宝宝的生长发育与发展。

（一）动作方面

爸爸妈妈共同帮助宝宝完成爬行训练。

刚开始的时候，宝宝爬有三种情形，有的孩子向后倒着爬，有的孩子原地打转，还有的匍匐向前，这都属于爬的发展过程中的正常现象。在家里，家长要共同配合完成教宝宝练习爬的活动，一个家长拉着宝宝的双手，另一个推宝宝的双脚，拉左手的时候推右脚，拉右手的时候推左脚，让宝宝的四肢被动协调起来。等宝宝的四肢协调得非常好以后，就可以立起来手膝爬了。在爬行的练习中，宝宝的腹部着地对他的触觉也是一种训练。

对于不会爬行的宝宝可以从趴开始训练，然后在爸爸妈妈的帮助下，让宝宝学习爬行。如果爬行过程中宝宝的脚不动怎么办呢？家长可以把手放到他的膝盖上，帮助他弯一下小腿就可以了，不一定非要推他的脚。

要想宝宝学会爬，就要下些功夫。在宝宝刚开始学爬，只能依赖腹部为中心做旋转运动时，一位家长可以在他的前方用玩具逗引他，鼓励他向前爬，另一位家长用手抵着孩子的双脚给他一点力量，帮助他向前爬，经过一段时间的练习，他就学会用腹部贴着床面匍匐爬行。一旦他能将腹部离开床面，靠手和膝来爬行时，就可以在他前方放一只滚动的皮球，让他朝着皮球慢慢地爬去，逐渐他会爬得很快。此外，要给孩子学爬辟出一块场地，可以在硬板床上，也可以在地毯上，将周围不需要的东西移去，任他在上面"摸爬滚打"。爬对刚开始学习这一动作的宝宝来说是一项很费劲的运动，要注意每次训练时间不要太长，根据孩子的兴趣，花上 5—10 分钟就可以，贵在坚持。

▲ 宝宝爬行

对于匍匐爬行的宝宝，要让他尽快学会正确的爬行姿势。

在家里练习爬的时候，一定要在宝宝状态非常好的时候，还要拿一个他非常喜欢的玩具逗引他向前爬，引起他的兴趣。

对于基本学会爬行的宝宝，可以用各种方式引导他独立爬行。

爬行与走路和其他技能一样，是需要学习和练习的。8—9个月以上的宝宝需要很多"地板时间"。"地板时间"同时也是游戏时间，可以从6个月就开始了。到了9个月，宝宝开始有了更多的运动，并积极探索着他周围的世界。

使地板成为安全有趣的空间

（1）找一块颜色鲜艳、有图案的被子或毯子放在地板上。

（2）把有趣的东西（如软枕头或毛绒玩具）放在被子或毯子上，使宝宝能通过爬行拿到。

（3）让他在不同质地的东西上爬行。可以是一条大毛巾、一张光滑的床单或一条毛茸茸的毛毯。

另外，可以和宝宝一起在地板上玩各种有趣的游戏。以下游戏仅供参考：

▲ **爬着找玩具**

游戏一：和宝宝一起来回滚动一个球。球里面有一个小铃铛，当滚动它时，它会发出好听的声音。

游戏二：轮流玩爬行的游戏。说："我要抓住你！"然后在他后面爬行，说："你抓我！"并慢慢爬走，让宝宝抓住你。

游戏三：把一条毛巾放在宝宝身边的地板上，并把一个玩具放在毛巾上，使宝宝刚好够不到。接着，给他看怎么拖动毛巾拿到玩具，并让他自己尝试去拿玩具。

游戏四：将一些软泡沫积木在宝宝面前堆成一堆，宝宝会很高兴地将它们击倒。当宝宝弄倒积木时，和他一起笑。

通过每天在地板上愉快地游戏，相信你的宝宝很快就能学会挪动自己的身体，并匍匐爬行了，而且你和宝宝也有了更多的交流。

爬大山

活动目标

1. 通过亲子游戏让宝宝练习爬行,促进宝宝全身粗大动作的发展。
2. 增进亲子之间的情感交流,也让家长学习帮助宝宝练习爬行的方法。

前期准备

柔软的垫子、浴巾、小玩具等。

互动要点

1. 由爸爸或妈妈仰卧在床上,让宝宝趴在自己身体的一侧,拿起宝宝喜欢的玩具吸引宝宝的注意,引起宝宝想要拿到玩具的兴趣。
2. 将玩具放到身体的另一边,并不断用积极的语气鼓励宝宝从身体上爬过去。刚开始时宝宝可能不理解游戏的要求,此时可以牵引着宝宝的手引导方向,或者用玩具吸引宝宝的视线。
3. 在宝宝成功爬过去之后,要及时给予宝宝拥抱或亲吻,或用语言表示鼓励赞扬。
4. 随着游戏的进行,爸爸妈妈可以改变游戏形式,吸引宝宝参与的兴趣。比如可以将身体侧卧,使得"大山"变高,适当增加挑战的难度。还可以让宝宝坐在爸爸或妈妈的腿上"滑滑梯",感受"大山"的起伏变化。

温馨提示

在宝宝爬行的时候,爸爸妈妈要时刻关注宝宝的动作,在宝宝有了一定的练习并能够较为熟练地完成爬行的基本动作时,才能尝试增加难度或改变形式。

快乐的跳跳蛙

活动目标

1.促进宝宝腿部大肌肉力量的发展，让宝宝熟悉用腿支撑体重的方式。

2.促进宝宝前庭觉的发展，适应上下跳跃的情况。

3.让宝宝在跳跃中体验快乐的情绪，增进亲子之间的情感。

前期准备

床或者垫子、《跳跳蛙》音乐（也可选择其他律动性强的儿歌或音乐）。

互动要点

1.爸爸或妈妈双手托着宝宝的腋下，让宝宝面对面站在爸爸或妈妈的大腿上。用语言和表情激发宝宝参与的兴趣，让宝宝对接下来的活动有一定的心理准备。

2.托起宝宝，再将宝宝放下，在地垫或爸爸妈妈的腿上轻轻落下，使宝宝的腿有跳跃的感觉。可反

▲ 尝试站立

复3—4次。在宝宝跳跃的时候，可以跟随音乐，也可以唱儿歌，比如一边做一边说："小兔子——跳跳，小青蛙——跳跳，小袋鼠——跳跳，小宝宝——跳跳。"说到"跳跳"时，协助宝宝做跳起的动作。这样既能增加活动的趣味性，也能促进视听觉与动作的协调发展。

温馨提示

可以在不同的地方带宝宝做跳跃的游戏，枕头上、沙发上、爸爸的身上……只要是软的地方都可以。

（二）认知方面

玩具去哪儿了

活动目标

1. 提高宝宝观察事物的能力、短时记忆能力、初步的思维能力，巩固客体永久性。
2. 激发宝宝勇于探索和尝试的积极品质。
3. 通过共同探索增加宝宝与家长之间的情感。

前期准备

玩具若干、小手帕、小桶。

互动要点

1. 家长可以先让宝宝自己玩一会儿喜欢的玩具，然后在宝宝的眼前用小手帕盖住玩具，问宝宝："玩具去哪儿啦？"如果宝宝没有反应，家长可以掀开手帕说："在手帕下面呢！"只要宝宝能用手指或用声音表示，即使不正确也应当及时反馈并鼓励其再次尝试。
2. 还可以把玩具放进小桶里，小桶的高度略高于宝宝俯卧时头抬起来能看到的视角（即宝宝抬头后不能直接看到小桶内的物体），问宝宝："玩具去哪儿啦？"同时观察宝宝的反应。

活动延伸

可以先让一位家长把宝宝的玩具藏在一个相对较小的空间中，然后由另一位家长和宝宝一起"寻宝"——找到玩具。

（三）语言方面

活动目标

1. 通过歌曲的歌词和旋律给宝宝听觉和语言中枢以适当的刺激，为宝宝语言能力的进一步发展做准备。

2. 能够感受歌曲的情绪，并能在家长的引导下跟随旋律做动作，体验音乐带来的愉悦情绪。

3. 增加宝宝与家长之间的互动，建立亲子间良好的感情，同时更好地发展宝宝的肢体语言。

前期准备

准备一首难易度适宜、歌词简洁、旋律动听的儿歌。

互动要点

1. 家长可以选择并学习几首简单且好听的儿童歌曲，比如《虫儿飞》等，和宝宝一起面对面坐在地垫上，先完整地欣赏一遍歌曲，激发宝宝的兴趣，听的过程中可以自然地跟随旋律摇晃身体，引导宝宝模仿。

2. 尝试对着宝宝清唱，唱的时候注意要吐字清晰，在重复词或者做动作时还可以用夸张的嘴型与表情表现，动作的幅度要大，加深宝宝的印象。

3. 接下来，在熟悉音乐的基础上，引导宝宝和自己一起跟随音乐做动作。刚开始的时候，家长可以带着宝宝一起做，逐渐让宝宝自己来做。家长需要对宝宝的表现及时给予准确的反馈。

温馨提示

儿歌是婴幼儿早期接触社会性语言体系的一个良好载体，让宝宝听儿歌不在于让宝宝记住或者理解歌词，重要的是给宝宝一种视听结合的刺激，并能够在这一过程中加入肢体动作，潜移默化地增强宝宝的律动感以及对语言乃至文字的兴趣和敏感度。因此，本活动不

在于要求宝宝做的动作十分精确，而在于让宝宝能够在活动过程中使用有意注意，能够参与活动并勇于使用肢体语言，且获得语言刺激。

（四）情感与社会性方面

照镜子

活动目标

1. 通过照镜子，帮助宝宝更好地认识自己和家人。
2. 通过让宝宝模仿爸爸妈妈的表情，提升宝宝对情绪的识别与认知能力。
3. 通过和宝宝一起照镜子增进亲子感情。

前期准备

一面镜子（要确保镜子是安全的）。

互动要点

1. 家长可以选择一面方便宝宝摆弄，而且在颜色或形状上相对有吸引力的镜子，放到宝宝眼前或者在宝宝面前摇一摇，吸引宝宝的注意，让宝宝自主玩一玩。
2. 家长可以将宝宝环抱在怀里，对宝宝说："我们一起来照镜子吧！"在照的过程中可以边指边说明宝宝的面部特征，还可以牵着宝宝的手描画着镜子里他的轮廓。
3. 在熟悉了镜子之后，家长可以和宝宝一起用镜子玩表情模仿的游戏，先由家长作为示范，边对着镜子做表情，边对宝宝说表情的名字。家长还可以指着镜子里的宝宝，将宝宝的表情用简单而有趣的方式说出来。

三、7—9 个月婴儿的发展评价

当满 9 个月的宝宝不能达到下述指标时，家长应高度重视，必要时应及时向儿科医生或保健专家进行专业咨询。

宝宝 7—9 个月时的表现

1. 能自己坐，扶着成人或床沿能站立，扶着成人的手能走几步。	是 ○	否 ○
2. 能够爬行、扶站。	是 ○	否 ○
3. 能用一个玩具敲打另一个玩具。	是 ○	否 ○
4. 能用手抓东西吃，能用拇指、食指捏起细小物品。	是 ○	否 ○
5. 能模仿语言，开始咿呀学语，能模仿发出"baba""mama"等重叠音。	是 ○	否 ○
6. 能听懂成人的一些话，如听到"爸爸"这个词时，能把头转向爸爸。	是 ○	否 ○
7. 能模仿摇手动作，能对简单的手势作出反应，如拍手等。	是 ○	否 ○
8. 喜欢要熟悉的人抱，会对着镜子中的自己笑。	是 ○	否 ○
9. 能按成人的指令用手指出灯、门等常见物品。	是 ○	否 ○
10. 当成人表扬自己时，会表现出高兴、开心的积极表示。	是 ○	否 ○
11. 寻找部分掩盖物，喜欢与成人玩"藏猫猫"的游戏。	是 ○	否 ○
12. 对新奇的声音或不寻常的声音表现出感兴趣。	是 ○	否 ○

13. 能用手抓东西吃，能够吞咽菜泥、饼干 是 ○　　　否 ○
等固体食物。

14. 能将一只手中的玩具换到另一只手中。 是 ○　　　否 ○

15. 能辨认出身边的陌生人，被陌生人抱时 是 ○　　　否 ○
出现哭、不高兴、拒绝的表现。

第五章
10—12 个月婴儿的发展特点与家庭教养
指导策略

一、动作发展

10—12 个月的宝宝处于好奇心相当强烈的时期，同时这个时期宝宝能够移动自己的身体，并能够站立以及走路。因此，与之前只能躺在一处相比，宝宝的活动更加自由自主，会对周围的环境产生强烈的探索兴趣，比如宝宝会一遍又一遍地打开和合上面前的橱柜门，有可能会不停地将同一个玩具拖来拖去、敲敲打打，还可能会在吃饭时敲打桌子或者不断用手抠菜碗或饭碗，这些都是宝宝在探索周围环境以及探索自身的行为表现。这段时期的宝宝对于自身也会产生浓厚的探索兴趣，比如时不时便会抓住机会扶着家具或爸爸妈妈的腿站起来，还可能在能够直立行走后，在家里走来走去。宝宝的天性使得他们对自然

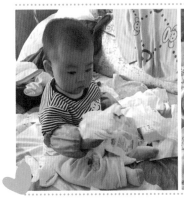

▲ 宝宝喜欢撕纸　　　　▲ 宝宝自主探索玩具　　　　▲ 宝宝喜欢游泳、蹬腿

获得的每种技能都反复练习，不会因为行为自身的后果而受挫，最终通过不断的尝试将技能熟练掌握。在这一过程中宝宝逐渐自然而然地将相应的动作编码为自己能理解的模式，并内化在记忆机制中。

▲ 表 5-1 10—12 个月婴儿的动作发展

月龄	粗大动作	精细动作
10—11 个月	▪ 能够坐得很稳，能由卧位坐起然后躺下，也能从站位到坐位。 ▪ 能够灵活地前、后爬行，爬的速度也很快，动作较为熟练。 ▪ 能够扶着床围等家具站立并行走。站的时间不久，容易跌坐。 ▪ 能够爬上一只矮脚凳，大约 20 厘米的高度。刚开始会不断尝试和练习，但这段时间宝宝的平衡能力有限且对于爬到高处的危险缺乏认知，因此容易摔跤。	▪ 喜欢探索周围的物品，尤其喜欢探索小的东西，会通过注视仔细观察，还会通过多种方式探索物体的特性。会利用物体练习相关技能。会抱娃娃、拍娃娃，模仿能力增强。 ▪ 可以熟练地捡起东西。 ▪ 能够自己吃手上的东西。能控制嘴巴，靠近水杯喝水。 ▪ 双手会灵活地敲打积木，会把一块积木搭在另一块积木上。 ▪ 喜欢将手指插入小孔中或用食指戳纸上的洞孔。
11—12 个月	▪ 能在没有外力支撑的情况下独自坐起。在坐的时候能够自如地扭转上半身。能稳稳地坐较长时间。爬的动作也更加灵活。 ▪ 能扶着东西站得很稳。在扶着东西站立时能够尝试迈步和转身。随着宝宝不断尝试和练习，在松开支撑宝宝的双手后，宝宝能独立站立 10 秒钟以上。随着每日练习，宝宝能够逐步学会独立行走。牵着宝宝的手，宝宝能够向前行走 3 步以上。 ▪ 能够爬上 40 厘米左右的高度，能够爬上沙发再继续爬上沙发扶手，还可能继续爬上沙发靠背。 ▪ 这段时期宝宝已经达到新的发育里程碑——走。在从爬过渡到走的过程中会呈现出较大的个别差异，有的宝	▪ 拇指和食指能够协调地活动，能够较熟练地拿起细小的东西。 ▪ 能够模仿成人的动作，喜欢"表演"招手、摆手、拍手等动作，腕部肌肉进一步发展。 ▪ 能捏住小的物品装入容器中。 ▪ 能握住笔在纸上画出印迹，并开始喜欢偏用某只手。 ▪ 能捡起细小的东西，比如葡萄干、小珠子之类的。 ▪ 能将东西递给别人。 ▪ 能握住杯子喝水，但仍需要家长扶着水杯。 ▪ 喜欢用摇、打击、扔或摔探索周围物体，会有意识地把玩具放进抽屉、箱子等容器中再取出。喜欢把玩具拖来拖去，能够堆叠

月龄	粗大动作	精细动作
	宝爬的时间较短，直接就能行走了，有的宝宝则要爬较长的时间。但是一般而言，大部分宝宝都能在满12个月时学会站立和扶走。	玩具。喜欢尝试不同的玩法。 ▪会打开及合上书，能够翻书页。喜欢看图画书。

二、认知发展

10—12个月的宝宝，认知发展迅速。有意注意的能力与时间都有所提升，白天有相当一部分时间都在注视着感兴趣的东西。随着记忆力和注意力的加强，宝宝能够认识身边熟悉的人和物，开始观察物体的属性，并在反复的观察和接触中积累关于物体形状、大小、结构等基本属性的直接经验，这为之后获得关于物体的属性及其他相关概念奠定了重要基础。比如，遇到感兴趣的事物，宝宝会不厌其烦地探索，还有可能会试图将玩具拆开研究里面的结构。

▲ 宝宝在看护下抓豆子

宝宝到了11个月之后，将积累更多有关命名的知识，逐渐知道各类物品有不同的名称、各自的作用，这种认知也会体现在宝宝的行为和游戏中。这段时期会出现象征游戏的雏形，比如会用玩具电话来模仿成人打电话，或者用空的水杯模仿成人喝水。

心理小链接

10—12个月宝宝具备的感知觉能力

听觉：

·10个月的宝宝开始牙牙学语，能够随着节奏鲜明的音乐自发地手舞足蹈，还能用不同的方式敲打、摇动玩具，能捏会发出声响的玩具。

· 11—12个月的宝宝能在听一段音乐之后模仿其中的一些声音，还喜欢模仿动物的声音。

视觉：

· 宝宝很喜欢看画册上的人和动物，能够通过看图获取对事物的基本认识。

· 宝宝学会了察言观色，尤其对父母和其他照料者的表情能够有较准确的识别和把握。爸爸妈妈可以借助宝宝的这种视觉采择能力，用表情来表达对宝宝行为表现的反馈，从而调节宝宝的行为。对于这个时期的宝宝来说，用表情提示比用语言说教更加有效。

· 宝宝对周围环境的感知觉能力发展很快，而且有他自己的喜好。当爸爸妈妈把宝宝带出去玩时，宝宝开始注意周围环境，并对3米远的人或物产生兴趣。宝宝的眼睛会认真地注视，表现出强烈的探索欲望。当爸爸妈妈要把宝宝带走，或者将宝宝正在探索或注视的东西拿走时，宝宝会马上表现出不情愿的样子，小手指着看到的东西，扭着身子，嘴里还"啊、啊"地嚷着。

· 在宝宝看着的情况下，无论玩具换几个地方，他最后都能在藏着玩具的地方找到它。

▲ 宝宝对戴上墨镜看到的世界感到十分好奇

· 照镜子时宝宝会伸手摸镜子中的影像。

· 宝宝到了12个月时，视觉能力进一步发展，能从有限的信息中获得关于形状、颜色等的信息。此外，宝宝还能够更好地理解他人的表情，且不仅仅局限于亲近的家人。宝宝从视觉上感知空间关系的能力也有所发展，比如在宝宝爬高时会显得比前几个月更加谨慎，因为宝宝能够在视觉上感知到自己所站的位置很高。

三、语言发展

10—12个月的宝宝能叫"爸爸""妈妈"，而且与前几个月相比，这个月龄段的语言比前几个月有了更多的意识倾向，即宝宝能够对着爸爸或妈妈喊出相应的称谓，尽管还是有弄混的可能性，但是随着爸爸妈妈的及时反馈，宝宝对于词语含义的理解会逐渐清晰。这段时期宝宝能够把语言和动作结合起来，如果宝宝通过接收外部信息获得了一个喜欢的词，可能会不断重复，并可能会用这个词来回应所有的对话。

▲ 宝宝对着玩具咿咿呀呀

到了 10—12 个月的后半段，宝宝接受的语言刺激越来越丰富，认知能力也有所发展，积累的语言信息越来越丰富。由于生理机制的限制，宝宝发音可能还不清晰，但是会改变音调、响度等声音特质，这其实是宝宝在学习如何用声音和语言来表达自己，是学习说话的积极信号。建议爸爸妈妈在这个时期能够积极地给予宝宝丰富的语言刺激，并在宝宝试图用声音表达自己的时候，表现出耐心倾听的样子，这既能表达爸爸妈妈对宝宝说话的鼓励，给予宝宝更多练习的机会和空间，又能为宝宝起到良好的示范作用，即在对话时应当学会耐心倾听。

▲ 宝宝坐在车里听外面的声音

11 个月的宝宝能够理解常用词语的意义。而到了 12 个月时，宝宝喜欢发出嘟嘟叽叽的声音，像在交谈一样。这段时期，宝宝喜欢模仿听到的声音，包括听到的小狗、小猫的叫声，看起来宝宝是在玩声音游戏，其实宝宝是在通过模仿认识和识别听到的信息，并尝试用语言给予反馈。更重要的是，这段时期有些宝宝能够将表情和语言联系起来，比如表达不愿意或否定时会摇头并说"不"。另外，宝宝已能模仿和说出一些词音。宝宝常常用一个单词表达自己的多种意思，如"外外"，根据情况可能指"我要出去"或"妈妈出去了"。会用手指着东西提要求，比如看见了食物，就用手指着，嘴里说"吃，吃"。宝宝能够伴随音乐做动作。到了 12 个月的时候，除爸爸、妈妈外，会发 4—6 种音节，能用目光看向或手指向成人询问的物品。

▲ 宝宝喜欢玩具小狗

四、情感与社会性发展

10—12 个月的宝宝能够"察言观色"，能够识别主要照料者（如妈妈）的表情。宝宝喜欢受到表扬和夸赞，并能将成人的表情、语调、动作结合起来，

▲ 宝宝对着成人做表情

试图理解成人语言表达的含义。如果语言信息是积极的，宝宝也会受到感染，并回馈以积极的情绪，会主动向亲近的人表示友好，尤其喜欢和爸爸妈妈一起玩游戏，比如捉迷藏、看绘本、听故事。这个时期的宝宝有着强烈的好奇心和探索欲，并且会自己想办法尽快拿到想要的东西。这个时期的宝宝喜欢和亲近的成人玩一些互动或合作的游戏，并会模仿成人的交往行为。

10—12 个月宝宝的动作进一步发展，参与日常活动的欲望受到好奇心的驱动更加强烈，活动技能也有所增强，每日喜欢到处探索，尤其喜欢爸爸妈妈带着自己到户外活动，这样可以看到更多更加丰富而有趣的事物。建议这段时期爸爸妈妈应当在确保宝宝安全的前提下鼓励宝宝积极探索，尽量创造条件带宝宝到户外活动，适当的户外活动既有利于健康，也有利于宝宝发挥自己的精力，并更加充分地感受自由的快乐。需要注意的是，尽管 10—12 个月宝宝的身心发展尚未完善，需要多加保护，但也不应过于约束宝宝的行为。过度保护不仅会限制宝宝的动作发展，还不利于宝宝独立性的发展，甚至容易导致宝宝不自信、害怕失败和受挫等不利于长远发展的性格特征。

▲ 宝宝骑木马　　　▲ 宝宝独自爬上沙发

另外，这段时间宝宝与同龄人间会存在显性的"竞争关系"，尤其是年龄相差越小的宝宝，越容易出现竞争性行为，当家中有两个及以上的宝宝时，家里先出生的宝宝会很敏感地感受到家中的重心发生了转移，认为自己原本受到的关注与爱都转移到了弟弟妹妹身上，便容易对弟弟妹妹出现攻击、自私的行为，而爸爸妈妈的责怪和批评会加剧"大宝"的不满。等弟弟妹妹到了10—12个月时，对哥哥姐姐容易产生恐惧心理。看到爸爸妈妈抱其他的小朋友会十分生气，甚至哭闹。自我意识的进一步萌发，使宝宝表现出较鲜明的自我中心倾向，较少会出现主动的分享行为。

▲ 情绪没有得到满足，大声哭泣

亲职大学堂

• 家中的两个宝宝经常发生争执怎么办 •

来自家长的困惑

李女士家中有两个宝宝，大宝2岁了，二宝刚满11个月，都是男孩。

李女士发现两个宝宝待在一起的时候经常发生争执，大宝会抢夺二宝手上的玩具，二宝不肯，便会哭闹。李女士便会对大宝说："你是大哥哥，怎么能抢弟弟的玩具呢？还给他。"但是大宝会对李女士的话表示不满，不配合妈妈的指令。类似的争执屡屡发生，李女士不知道应当怎么调节大宝和二宝之间的关系？

随着"全面二孩"政策的实施，越来越多的家庭中都有大宝和二宝，家庭内部出现同胞竞争的情况也成为困扰爸爸妈妈的现实问题。所谓"手心手背都是肉"，爸爸妈妈最希望的是宝宝之间能够和谐相处，但是这是需要爸爸妈妈的教育智慧与努力的。

首先，爸爸妈妈应当让大宝明确，欺负甚至攻击弟弟妹妹是不可以的。这段时期宝宝的道德感仍处于朦胧期，因此试图用说

专家解答

理让大宝感到内疚是行不通的，但是并不意味着爸爸妈妈要放任大宝的行为。爸爸妈妈可以通过语调、表情让宝宝明白爸爸妈妈不希望大宝出现这样的行为，尽管能够理解大宝的行为，但是这样爸爸妈妈会伤心。另外，爸爸妈妈应当提前制定相关规则，和宝宝一起遵守。

其次，爸爸妈妈应当更多地关心大宝的内心世界。大宝之所以会对二宝产生不满情绪，不是因为天性，而更多是因为爸爸妈妈没有让大宝感受到平等的爱，高估了大宝的发展水平，希望大宝在接受二宝到来的同时能够做出更加理智的行为。事实上这对大宝来说压力太大了，大宝感到自己不再受到爸爸妈妈的关注与呵护，才会产生不满甚至嫉妒。因此，爸爸妈妈应当从反思自己的教养行为与教养态度开始，用各种方法让大宝过得更加快乐。比如不应该在大宝面前过度夸赞二宝；又如为大宝提供更多的户外活动，让大宝感受友善的人际环境，缓解宝宝在家庭中感受到的压力。

▲ **两个宝宝一起开心地玩**

最后，建议家里在有二宝之后，应当兼顾大宝的心理情绪，可以和宝宝一起读一些关于同胞关系的绘本，让宝宝做一定的心理准备。另外，应当在照料二宝的同时，争取每天花一定的时间单独和大宝在一起，并用宝宝能理解的方式告诉宝宝他仍然有爸爸妈妈的关爱，这种关爱和以前一样，另外的宝宝的出现不会威胁到他的地位。此外，爸爸妈妈应当注意利用日常生活中的机会让大宝和二宝感受到他们对于彼此而言是很好的玩伴，尤其是随着二宝的长大，爸爸妈妈应当用多种方式让二宝认识到哥哥或姐姐是值得信赖的家人。最后，需要爸爸妈妈注意的是，同胞竞争的影响可大可小，需要爸爸妈妈加以重视，并妥善处理。

一、10—12 个月婴儿的养育建议

10—12 个月的宝宝无论是身体活动还是社会交往方面都在快速发展，外界环境与宝宝的发育之间有密切关系，为了促进宝宝的身心健康发展，家长一定要根据宝宝不同发展阶段中的不同需求为宝宝提供适宜的环境。

（一）10—12 个月婴儿的生长与保健

10 个月之后，宝宝生长发育的速度总体上与前几个月相比有所下降，但各项生长指数的绝对值仍然呈现增长的趋势。宝宝进入 10 个月之后，身体愈发显得修长，总体上已经更加接近幼儿的体型了。

在 10 —12 个月期间，男婴的身长为 68.7 —80.5 厘米，平均身长为 73.3—75.7 厘米；女婴的身长为 66.5—79.2 厘米，平均身长为 71.5—74.0 厘米，尽管这段时期宝宝的身长在性别上仍有一定差异，但增长的幅度相近，为每月增长 1.5 厘米左右。这一月龄段男婴的体重总体上仍比女婴略重一些。男婴体重的正常范围为 7.4—12.0 千克，女婴体重为 6.7—11.5 千克，平均每月体重增加 300—500 克左右，与前几个月龄段相比，增长幅度有所下降。

头围是能够用于评估大脑生长发育情况的重要生长指标，需要家长予以持续性的关注。10—12 个月宝宝头围的变化幅度比刚出生时小了许多，这一时期宝宝的脑部发育主要体现在大脑内部脑细胞之间建立更加复杂的联系，总体数量的增长速度有所下降。另外，这段时期宝宝的前囟门一般来说都会变得比较小，部分已经完全闭合。男婴头围的平均值在 45.4—46.1 厘米之间，女婴头围的平均值在 43.8—44.9 厘米之间。

胸部发育与宝宝胸腔内各个器官有着重要的联系，一般用胸围来评价宝宝胸部的发育状况，包括肺的发育、胸廓的发育，以及胸背肌肉和皮下脂肪的发育。月龄为 10—12 个月时，男婴的胸围平均在 45.6 厘米左右；女婴平均在 44.4 厘米左右。宝宝在 3 个月时，学会并经常抬头，由此逐步形成了脊椎颈段的前凸，6—7 个月时宝宝能够坐立，形成了胸椎的后凸，10—12 个月宝宝开始站立及

行走时，形成了腰椎的前凸，所以，此时脊柱变成了微微弯曲的"S"形，促进了胸部的发育和轮廓的发展，身体动作与之前相比也更加稳定。但由于宝宝的骨骼柔软稚嫩，一般来说要到6—7岁时才能固定形状，因此在宝宝卧位时自然弯曲的脊柱仍可能变直，甚至变歪，故不良姿势对于今后宝宝的整体体形，甚至内部器官的发展都可能产生不可预计的负面影响，所以建议爸爸妈妈要尽早重视宝宝的形体发育，注重宝宝的身姿体态，在日常生活中注意用适当的方式督促宝宝保持正确的坐姿、走姿以及睡姿等。

这段时期宝宝的头围增长幅度小，爸爸妈妈应当测量之后及时记录，进行总体观察，如果发现增长趋势有所偏离，建议及时到医院进一步检查。另外，爸爸妈妈在家进行测量时建议使用权威的参考标准和测量工具，便于更加全面准确地了解宝宝的体格发育情况。

以上数据主要参考了《中国7岁以下儿童生长发育参照标准》，是一般的发展情况，爸爸妈妈应当关注宝宝自身的个体发展，尊重个体差异。另外，爸爸妈妈应当关注宝宝身体各项生长指标的纵向发展，尽量避免和其他宝宝进行不必要的横向比较。婴幼儿时期的生长发育受到多种因素的影响，在此之所以建议爸爸妈妈要关注测量的数值，并和参考标准进行比较，是为了让爸爸妈妈能够重视宝宝的体格发育，及时发现问题，减少或排除可能存在的威胁宝宝正常生长发育的因素。

（二）喂养保健

10个月的宝宝一般已经有相对固定的早中晚三餐和较规律的一日饮食作息，摄取营养的主要来源已经从乳类转向辅食，当然这不是说乳类不重要，只是宝宝到了10个月之后，妈妈的乳汁分泌量与前几个月相比有所下降，宝宝的消化系统和免疫能力有所发展。另外，10个月以后，单有乳类难以满足宝宝的生理发展需求，因此辅食的添加是必须的。

在10—12个月期间，宝宝仍应每天保持500—700毫升的总奶量，鸡蛋15—50克（至少1个蛋黄），肉禽类25—75克，稠厚的粥、烂面、软饭、馒头等谷物类25—75克。继续尝试各种蔬菜和水果，根据需要增加进食量，各为25—100克，并逐步形成规律的饮食。这段时期宝宝吃的食物不仅要满足宝宝的营养需求，还要注重对宝宝的咀嚼能力进行锻炼，以促进咀嚼肌的发育、牙齿的萌出、颌骨的正常发育与塑形，以及胃肠道功能及消化酶活性的提高。因此不能单纯吃泥糊状食物，而应适当增加固体食物。比如宝宝的食物可以逐渐由稠粥转为软饭；从菜末、肉末转为碎菜、碎肉等。需要注意的是，由于这段时期宝宝的磨牙尚未萌出，食物不宜过硬，否则难以充分地咀嚼和消化，甚至容易发生危险。除了注意食物的形态与软硬，还要重视食物的营养搭配。

在这段时期，食品种类的选择应多样化，增加宝宝对不同食物口味和质地的体验，减少将来挑食和偏食的风险。食物以碎、软为主，但食物要有适当的硬度，训练婴儿咀嚼、搅拌、吞咽等口腔运动能力。餐前洗手，鼓励婴儿用手抓握食物自喂，自己用勺，小口喝杯中的水，增加进食兴趣，也有利于手眼动作的协调，还可以促进精细动作的发展，培养宝宝逐步学会独立进食。同时，逐步与成人一起进餐，让宝宝感受共同进餐的氛围。

亲职大学堂

能给宝宝吃零食吗

来自家长的困惑

宝宝现在能吃的辅食种类和数量都更多了，奶奶总想给宝宝最好的食物，在三餐之余时不时给宝宝吃些柔软香甜的蛋糕或者自制的小点心。妈妈发现最近宝宝在吃正常的三餐时胃口不好，吃的东西很少，一问才了解最近宝宝吃零食频繁且量多的情况。妈妈对奶奶说："宝宝不应该吃零食，应该逐步培养规律的三餐，现在给他这么多零食会妨碍正常的饮食作息，对宝宝的健康不好。"奶奶着急了，说："小宝宝想吃就吃，多吃点没事的，宝宝的爸爸就是这样的啊。再说了我买的零食都是很好的，我也是担心宝宝饿着，怎么还做错了？"

专家解答

从上述情景中可以看出，祖辈给宝宝在三餐之余吃些零食，是出于对宝宝的关心和爱护，但是却导致宝宝无法正常地吃三餐，进而引发祖辈与妈妈之间的矛盾。首先，妈妈应当保持平和的心态，对祖辈的关爱表示重视和理解，毕竟祖辈对于宝宝的日常照料的确付出了很多心力。其次，妈妈应当先全面了解情况，比如宝宝三餐食欲不振是否都是因为吃零食的原因？宝宝吃了哪些零食？又比如，妈妈可以先"补课"，深入了解宝宝是否能吃零食或零食与正餐的搭配情况，而不应该全凭主观判断。再次，在充分了解相关情况后，妈妈应当将奶奶视为育儿的合作者，心平气和地和奶奶进行沟通，用简单易懂的语言向奶奶传递一些吃零食容易引发的问题，最好能直接和奶奶交流应当如何管理宝宝的一日膳食。

那么宝宝能不能吃零食呢？

事实上，给宝宝吃健康的零食是可以的。当宝宝到了10个月之后，消化系统日益发展，但胃容量仍相对有限，肝储备的糖原较少，每餐能吃的食物数量和种类都相对有限。另外，这时期宝宝处在身体生长发育的重要时期，新陈代谢速度快，肢体动作进一步发展且活动范围和频率都大大增加，因此宝宝对营养物质的需求较大。为宝宝选择适宜的健康零食，能够更好地满足宝宝生长发育时对多种营养物质的需要，并能够在三餐之间及时满足宝宝的生理需要，还能在断奶过渡期起到良好的分散注意力的作用。在适当的时间，可以为宝宝提供符合其喜好又营养的零食，少食多餐（比如可以一日三餐加上午下午各一餐），既是一种健康的饮食方式，又能更好地满足宝宝一日膳食营养的均衡，爸爸妈妈也不用因为某一餐宝宝没吃足够的量或种类而担心，可以在另外的几餐中进行弥补。

那么如何选择合适的零食呢？怎么吃零食才更加健康呢？

1. 零食毕竟不是正餐，且宝宝的胃口有限，因此每次提供零食要注意对量的控制。

2. 零食作为一日中的一次加餐，要有意识地控制零食时间，注意规律性，从而避免对正餐产生不良影响，形成不良的饮食习惯，甚至使消化系统因长期处于工作状态而过于疲劳，进而导致消化系统疾病。

3. 选择零食很重要，首先要考虑零食本身的质量以及所含的营养成分，确保没有防腐剂等有害成分；其次要考虑宝宝的年龄特点、咀嚼和消化能力；最主要的是还要考虑宝宝的营养需要，比如针对缺钙的宝宝可以选择有利于补钙的零食，如淡虾皮等；最后要考虑宝宝的兴趣喜好，让宝宝能够在获得吃零食的愉悦感的同时获得营养。

需要注意的是，10—12个月的宝宝不适合吃坚果类食品，比如花生、豆子、瓜子等，也不适合吃红枣或带核的水果，比如龙眼等，这些容易造成呛咳甚至窒息。不宜吃油炸类的食物等，含糖的饮料也应尽量避免，巧克力等高糖食物需严格控制，这类食物对乳牙的健康发育不利，还可能会抑制食欲。

另外，宝宝在进食时旁边应有成人看护，建议家长不要在宝宝吃饭的时候逗宝宝，容易发生危险，最好给宝宝安排一个相对安静的、有利于集中注意力在食物上的、温馨的进餐环境。此外，有条件的话，建议家长在准备宝宝的三餐时能够注意食物的色香味形，使其能够自然而然地吸引宝宝的注意力与兴趣。在吃三餐时，可以让宝宝和家长同坐在一起吃饭，这个时期的宝宝喜欢学习和模仿成人的动作，这样有利于让宝宝养成良好的进食习惯，为下一步的断奶打好基础。

（三）日常护理

10—12个月的宝宝各方面较之前都已有了巨大的发展，对环境的适应能力也在不断提高。但是他们的各个部位仍然极其脆弱，需要爸爸妈妈时刻注意，尽心护理宝宝，让宝宝可以健康成长。

日常衣物

10—12个月的宝宝开始站立并学习走路，活动范围更大，活动的意愿也更加强烈。因每日的活动量较大，皮肤表面容易出汗，而这时期宝宝的皮肤仍然很娇嫩，因此为宝宝选择日常衣物时，仍建议家长遵循"柔软、吸汗、安全"的原则，最好还是选择吸水性和透气性都较好且刺激性小的棉纺织物。这样宝宝穿着会更加舒适，家长也便于及时清洗更换。在选择尺码方面，还是建议家长为宝宝选择相对较为宽松的尺码，衣物过紧不利于宝宝的活动，甚至会影响宝宝身体的正常发育。目前童装市场发展兴盛，各种品牌和各材质的衣物层出不穷，建议家长在为宝宝挑选衣物时不要仅考虑价格，也不应仅考虑衣服的外观，而应重点考虑宝宝穿起来是否舒适，衣服本身是否安全，是否有别针、扣环、链子等可能造成皮肤损伤的装饰物，也不要给宝宝额外带一些金银首饰，金属直接接触宝宝的皮肤容易产生较大的刺激，从而引发不良反应。另外，新买的衣物不能直接给宝宝穿，裁剪、缝制、包装、运输，衣物生产的各个环节都有可能被细菌污染。有些新买衣物布料残留有甲醛，会刺激皮肤致病。新买衣物释放出来的异味，还可能刺激机体，引起咳嗽。因此，新买衣物应当先洗净晾干后，再给宝宝穿。

这个时期的宝宝已开始学走路了，在为宝宝准备鞋子时，一定要符合大小合适、柔软、轻便等要求。由于宝宝在刚开始学步时，每迈出一步，脚趾都会向前挤，因此所选鞋子应尽量前端较宽，成圆头状，鞋帮应稍高稍硬些，这样有利于保护宝宝的脚踝。另外，宝宝的鞋子鞋底要有弹性，且鞋底表面应有一定的凹凸花纹，这样能够在一定程度上增加鞋底与地面接触时的摩擦力，防止宝宝滑跌。

亲职大学堂

来自家长的困惑

宝宝应该穿多少衣服

图图的奶奶总是担心图图着凉，在室内外都给图图穿得很多，把图图包裹得严严实实的。而图图爸爸认为不需要给图图穿这么多，出汗后反而容易感冒，因此总是叮嘱奶奶不要给图图穿太多，但奶奶还是坚持自己的做法。在关于每天应当给宝宝穿多少的问题上，爸爸妈妈和家里的祖辈存在分歧，甚至引发了矛盾。爸爸妈妈自己也会有疑问：到底应当给宝宝穿多少衣服呢？

当前，祖辈参与宝宝的家庭教养已经成为许多家庭的现状，爸爸妈妈为了平衡工作和家庭，往往会选择由祖辈帮忙照顾宝宝，尤其是日间照顾，主要由时间较富余的祖辈负责。然而由于代际差异、文化背景差异、所受教育的差异、生活经历的差异等多种因素，祖辈和父辈在教养理念上难免会存在差异，进而产生教养行为上的不一致，尤其体现在日常照顾的细节上，比如上文中为宝宝选择衣服。而且由于存在多种差异，祖辈和父辈之间的沟通往往存在隐形但较大的障碍，产生分歧是正常的，重要的是作为父辈应当主动尝试打破障碍，加强与祖辈的沟通，更好地创造和维护和谐幸福的家庭氛围，这对于创造良好的家庭教养环境也十分重要。事实上，穿多少衣服没有固定的标准，还是要以宝宝的情况为主要依据。

为宝宝选择合适的衣服十分重要，对于皮肤娇嫩的宝宝来说，衣服不仅仅是装饰，更是起到保护皮肤以及保持体表合适温度的重要作用。10—12个月的宝宝动作发展迅速，由爬转向站立和行走，活动量大，容易出汗，但由于宝宝身心尚未发展成熟，太热或太冷都"后知后觉"，而且也不会有意识地主动用语言表达，因此需要主要照料者有一定的预见性，能够根据天气情况以及空气的湿度温度，结合宝宝的活动情况，为宝宝提供合适的衣服，并根据实际情况及时调整，这样才能更好地保护宝宝的健康。另外，宝宝身上的温度能够直接反映宝宝的体表温度，爸爸妈妈和爷爷奶奶在照料宝宝时应当时不时通过触摸等方式确定宝宝体感温度是否适宜，还可以从宝宝颈后顺着衣领伸手，感受宝宝后背的出汗情况，及时调整宝宝衣服的多少。

口腔护理

宝宝满10个月之后，乳牙数量进一步增长，到了12个月时宝宝一般会长出基本的8颗乳牙。另外，这段时间宝宝吃的辅食数量和次数都有所增加，因此口腔内更加容易残留食物残渣，萌出的乳牙也需要更加细致的清洁。

这段时期想要清洗宝宝的口腔与牙齿，首先需要选择合适的洗漱用具。现在市面上有各种各样的儿童牙刷和牙膏，有些爸爸妈妈不知道如何选择。首先，10—12月的宝宝一般不需要使用牙膏。其次，关于牙刷，查阅相关权威机构对儿童牙刷的建议，有相当一部分是统一的，比如建议家长为宝宝选择小刷头、软毛的牙刷，牙刷的手柄能够符合手部的自然弧度且便于抓握。至于要选择电动牙刷还是手动牙刷，并没有相关的实证研究，只是宝宝可能会觉得电动牙刷更有趣，且是以相同的频率工作便于家长或宝宝自己把控刷牙的力度。牙刷作为刷牙的工具，首先要确保牙刷的安全，所用材质是无害的；其次就是要根据家庭经济情况和个人喜好进行选择，方便使用，最好能让宝宝也喜欢；最后需要注意定期更换牙刷，最好是一个月换一次，在更换的过程中可以多加尝试，争取能选择宝宝喜欢、家长使用方便、牙刷毛软硬适中且牙刷头大小合适的牙刷，便于在保护宝宝牙齿和口腔健康的同时，激发宝宝对刷牙的兴趣，而不会在刷牙时使宝宝感到压迫。

选择合适的刷牙用具之后，则需要关注正确的刷牙方法。美国牙科学会出于对宝宝口腔和牙齿健康的考虑，建议在宝宝0—3岁期间，能由爸爸妈妈帮助宝宝刷牙。无论是用电动牙刷还是手动牙刷，都需要爸爸妈妈和宝宝掌握正确的刷牙方法。电动牙刷只能辅助进行高频振动刷牙，以及更好深入牙缝及牙龈，但刷牙时仍然需要爸爸妈妈把牙刷以适合的角度，放到恰当的位置。如果选择普通牙刷，正确的刷牙方法就显得更加重要了。

爸爸妈妈在帮孩子刷牙时的姿势可以是让宝宝背朝爸爸或妈妈，躺在爸爸或妈妈的腿上，保持宝宝的脸朝上，这是帮宝宝刷牙的最佳姿势之一，这样既可以看清楚孩子的牙齿，又方便操作。另外，还可以让宝宝躺在床上或者沙发上，爸爸或妈妈处在他头顶的方向帮宝宝刷；当宝宝再大一些，爸爸或妈妈可以和宝宝一起站在镜子前，爸爸或妈妈站在宝宝身后，帮助宝宝刷。需要注意的是，爸爸或妈妈在帮宝宝刷牙时应当选择让自己和宝宝都感到舒适的姿势，并要确保能够看到宝宝的牙齿，这样便于控制刷牙的方向和力度。

给宝宝刷牙时，宝宝哭闹怎么办

茜茜的妈妈给茜茜刷牙，而茜茜的牙齿刚长出来不久，对于刷牙这件事还不适应，总是用哭闹来表示拒绝和抵抗，但是妈妈坚持要给茜茜刷牙。茜茜爸爸看到茜茜哭闹得很厉害，感到很心疼，便对茜茜妈妈说："茜茜不愿意刷牙，就别逼她了，她哭得我都难受。"茜茜妈妈听了更加生气了，对爸爸说："我也不愿听茜茜哭啊，但是牙齿不刷，长蛀牙了怎么办？要不你来给茜茜刷牙？"然而，茜茜爸爸也不知道怎么给茜茜刷牙能让她不哭。

爸爸心疼茜茜因为刷牙而哭闹，是出于对茜茜的关爱，但是妈妈给茜茜刷牙也是为了茜茜的牙齿和口腔健康着想。这时候，爸爸应当考虑到妈妈的感受，理解妈妈的心理与行为，要主动站在妈妈的角度考虑问题，尊重妈妈在养育宝宝工作方面的辛勤付出，将妈妈视作育儿过程中最好最可靠的搭档。

另外，良好的亲子关系是以亲子间的情感为基础的，但是并不是说爸爸妈妈要放弃原则、一味纵容宠溺。牙齿的日常清洁对于宝宝的胃口、牙齿的美观以及整体的健康有着重要意义，因此，刷牙是对宝宝健康发展有益且有必要的日常护理。尽管宝宝对刷牙不适应，但宝宝的照料者有义务和责任帮助宝宝刷牙，并培养宝宝爱护牙齿的好习惯。因此，就算宝宝在刷牙的时候哭闹，爸爸妈妈也不应当轻易妥协放弃，而是应当安抚宝宝的情绪，调整刷牙的方式，尽量在刷牙的过程中减少宝宝的不适。另外，还可以给宝宝读和唱一些关于刷牙、保护牙齿的绘本或者儿歌，激发宝宝内在的关于刷牙的动机和兴趣。最重要的是，爸爸和妈妈应当一起为了宝宝牙齿健康而努力，循序渐进，帮助宝宝适应并逐渐喜欢上刷牙。

牙齿和口腔的日常护理还需要注意刷牙的时间以及日常的饮食。因此，一天至少要保证早晚各刷一次牙，刷牙次数过多或刷牙太用力，会损伤牙齿及牙龈组织，建议每天不要超过 3 次。研究表明，刷牙时间不足 2 分钟是口腔卫生状况欠佳的主要原因之一。在日常饮食方面，频繁地进食，特别是摄入高糖饮食，而没有及时有效地清洁口腔，口腔内有害菌利用食物代谢产生酸素，唾液不能有效地中和过多的酸素，这是引起蛀牙的直接原因。日常进食后，应当及时用清水漱口或者喝一些白开水，这样能够起到及时清洁的作用。因此，要限制宝宝进食的频率，尽量使其有规律地进食，并且应当限制高糖饮食。

为了更好地在不伤害宝宝牙齿和口腔的前提下帮助宝宝清洁牙齿，建议爸爸妈妈学习并使用改良版巴氏刷牙法。每次刷 2—3 颗牙齿，45 度角轻轻地前后刷牙龈沟，再从牙龈沟往牙齿咬合面刷（上牙往下刷，下牙往上刷），这是改良巴氏刷牙法的要点，也是目前最有效的刷牙方法之一。更具体一些进行阐释，可以 45 度角轻轻前后来回震颤，刷牙龈沟，再从牙龈处往牙齿咬合方向扫刷，或者划小圈刷，不要毫无规则地乱刷，应该有顺序地，从里至外，从上至下，依次刷到所有的牙齿。对于大牙的咬合面，轻柔地前后来回刷。

或者更简单地使用英国国家医疗服务体系（NHS）推荐的划小圈刷牙法，用在牙齿上划小圈的方法刷，刷及所有的牙齿表面。另外，清洁舌头也是很重要的健康习惯，每次刷完牙再刷一下舌面，因为上面覆满了细菌，可能造成口臭。

睡眠

宝宝进入 10—12 个月后，睡眠与前几个月龄段相比有了较显著的变化。一方面，宝宝在白天睡觉的次数由之前的 3—4 次变为了相对稳定的 2 次，每次时间为 1.5—2 小时，有所缩短，每天总的睡眠时间共需要大致 11—13 小时。晚上睡眠的时间逐渐固定，睡眠的习惯日益显著。建议爸爸妈妈为宝宝创设良好的睡眠环境，并帮助宝宝逐步形成规律的睡眠，在睡前不要给宝宝过多进食，也不要让宝宝过于兴奋，以便让宝宝能够更好地入睡。晚上睡前可适当打开窗户，有利于空气的流通。另外，床上用品应当及时清洗、消毒和更换。最方便的方式是经常将毛绒玩具、床单等用品放到太阳下晒一晒。

（四）疾病预防与护理

贫血

在人体所有的微量元素中，铁的含量最高，铁是制造血红蛋白不可缺少的原料，宝宝如果缺铁，就会出现造血原料的不足，从而不能合成足够的血红蛋白，出现贫血。贫血的宝宝会出现反应力低下、注意力不集中、记忆力差、易怒、烦躁、智力减退等表现。因此，一定要注意预防婴幼儿期贫血的发生，以保证大脑的正常发育。

宝宝体内储存的铁只能满足出生后4—6个月以内生长发育的需要，但10—12个月的宝宝，其体重和身长仍在迅猛增长，血容量增加得很快，同时随着活动量的增加，对营养素的需求相对增加，尤其是对铁的需要量相对增加，所以，为了预防贫血的发生，应添加铁含量高的辅食，以补充机体内所需的铁。含铁量高的食物有动物性食物和植物性食物两大类。动物性食物中的铁易于吸收，如动物血（猪血、鸡血）、猪肝、羊肝、鸡肝、牛肉等，不仅含铁量高，而且吸收率可高达20%以上，家长应给宝宝补充动物血、肝泥、肉泥、蛋黄等食品，每周2—3次。植物性食物中的绿叶蔬菜，如菠菜、油菜、芹菜等，以及豆类食品和部分水果都含铁量较高，但植物性食物中的铁吸收率较低。此外，还可以给宝宝补充维生素C含量较高的蔬菜和水果，这对防治宝宝贫血也很有好处。

那么爸爸妈妈如何能知道宝宝是否患有贫血？当宝宝精神不好，食欲差，经常疲乏无力，出现异食癖时，应观察宝宝是否有面色、口唇、甲床皮肤黏膜苍白等现象，如果有这样的症状，应想到宝宝贫血，要及时带宝宝去医院检查红细胞及血红蛋白是否低于正常值。

痱子

夏季宝宝容易生痱子，因为宝宝新陈代谢旺盛，而活动频繁导致出汗多，汗毛孔受汗液的刺激，易因受损害而发炎，不利于汗液的及时排出和蒸发，导致在皮肤上长出了相对密集的红色粟粒疹，即小米粒样的红疙瘩，俗称为痱子。痱子一般在出汗多的部位发生，如颈部、额部、胸部、背部等，如果受到感染，就会变成痱毒。

要想预防宝宝受到痱子的困扰，建议爸爸妈妈在平时就要注意保持宝宝皮肤的清洁和干燥，尽量勤洗澡，天气热的情况下每天可给宝宝洗 2—3 次澡。需要注意的是长了痱子之后，洗澡时不要给宝宝用肥皂，以免刺激皮肤。洗澡的水温建议控制在 38 摄氏度左右。在洗完擦干后，可给宝宝穿轻薄透气的衣服，保持室内温度舒适。

其次，还需要爸爸妈妈掌握好宝宝活动的时间以及活动量，在夏季尽量挑选早晚相对凉爽的时间和地方进行户外活动，白天，尤其是中午天气炎热时，建议在室内做一些放松的活动。另外，爸爸妈妈需要给宝宝提供合适的衣物，宝宝出汗后要及时擦干或更换衣物。在饮食上要多给宝宝喝白开水，多吃些蔬果。但是千万不能给宝宝吃冷饮，也不应该直接吹冷风，这样容易使宝宝受凉感冒。如果生了痱子，洗澡后可在局部涂抗生素软膏，严禁用手挤压，如果痱子严重，或出现发烧，全身不适，应立刻去医院处理。

亲职大学堂

宝宝生病了，爸爸妈妈应当如何调整情绪

来自家长的困惑

天天生病了，天天妈妈为了照顾天天忙前忙后，天天爸爸发现妻子在这期间情绪波动十分厉害，而自己心里也十分着急。天天爸爸不愿和天天妈妈吵架，但是又不知如何是好。

专家解答

宝宝生病时，爸爸妈妈应当做到以下几点：

首先，不要责怪对方。宝宝生病了，作为家长，除了担心宝宝的病情，也会自责内疚，甚至产生恐惧。因此，这时谁都不应该"雪上加霜"，再强调对方没有做好照顾的工作。作为家长，为宝宝的病情着急固然可以理解，但是，面对倾心照顾宝宝的爸爸或妈妈，应当更加理解对方的情绪，而不是无情地指责。

其次，统一战线。爸爸妈妈应当重视自己作为家长的责任，在宝宝生病时主动共同承担照顾的责任，共同进行查证，以便正确判断和决定要如何给予宝宝适当的照顾，并给予对方更多的实际支持，提高宝宝所受照顾的质量和数量。

最后，多给予对方一些温暖的陪伴。同为成人，有些家长的确较易在宝宝生病时处于精神高度紧绷的状态，对此，另一方要充分理解这种心情，并给对方一个温暖的拥抱以及积极的倾听。

（五）安全

10—12个月宝宝的动作进一步发展，开始站立并学习走路，活动频繁，因此需要为宝宝提供安全的学步环境。首先，阳台上要放置围栏，栏杆要有一定的高度和密度，从而确保安全，在阳台边或窗边不能放小凳子之类的物品，谨防宝宝爬上去后因控制不好身体而跌落。其次，家中的家具摆放要注意尽量避免妨碍宝宝学习走路，爸爸妈妈应当将易碎的、具有潜在危险的家具或物品放置在宝宝接触不到的地方，并仔细留意家中摆放的家具及其他物品是否有尖锐的棱角或锋利的边，如果有的话应当及时用软包等方式保护起来，避免宝宝在活动时发生不必要的碰撞等危险。另外，这个月龄段的宝宝活动范围变大，好奇心也更强，喜欢用手玩门，容易被门夹伤，爸爸妈妈可以使用防门夹软垫，避免不必要的危险。当然，还是要强调，任何时候都不应当让宝宝独自一人待在家中，应当至少有一位可靠的照料者陪伴在宝宝身边，避免发生不必要的安全事故。

10—12个月宝宝的饮食逐渐由以乳类为主过渡到以一日三餐辅食为主，前文已提出，建议爸爸妈妈和宝宝一起吃饭，宝宝对成人的餐桌会表现出强烈的探索欲和好奇心，很有可能用手去抓桌上的饭菜，并会尝试用自己的手取要想吃的食物。因此，如果是刚盛出的热奶或汤粥之类的食物，对手部精细动作还不够精细化的宝宝来说，很容易将其够得着的食物打翻或者直接将手伸进滚烫的食物里，容易被烫伤。因此，在宝宝吃饭时应当将容易泼洒且温度高的食物放在宝宝无法轻易够到的地方，为宝宝准备的食物应当控制好温度，不宜太烫。另外，宝宝在吃饭时应当有家长进行陪护，便于及时处理突发状况。

二、10—12个月婴儿的教育建议

（一）动作方面

	拉大锯
活动目标	1. 锻炼手部、腿部力量，促进手部和腿部大肌肉动作的发展。 2. 在身体摆动的过程中感知身体重心的变化，促进身体的协调性。 3. 增加宝宝与家长的肢体接触，增进宝宝对家长的信任与依恋。
前期准备	柔软的垫子、宽松的衣物。
互动要点	1. 爸爸或妈妈坐在垫子上，和宝宝面对面，手拉着手做一些互动，让宝宝放松心情，比如可以开心地说："宝宝，我们今天来玩一个好玩的游戏吧！" 2. 爸爸或妈妈打开双腿，让宝宝站在爸爸或妈妈的两腿之间。然后爸爸或妈妈拉住宝宝的手臂或手腕，轻轻地将宝宝向后推，宝宝向后倾倒，再把宝宝轻轻地拉向怀里。 3. 在推拉的过程中，爸爸或妈妈可以跟随动作念儿歌："拉大锯，扯大锯，你过来，我过去，拉一拉，扯一扯，小宝宝，快长大。" 4. 随着宝宝熟悉游戏，爸爸或妈妈还可以增大拉扯的幅度，增加游戏的挑战性和趣味性。

温馨提示	1.在整个活动过程中，爸爸或妈妈应当注意让宝宝的身体保持挺立，可以说："大锯是笔直的，宝宝也要把身体挺得直直的哦。" 2.这个游戏其实是一种传统的民间游戏，能够让宝宝体会身体摆动的乐趣，也能锻炼宝宝腿部支撑身体的能力，还能在晃动中锻炼前庭觉的适应性。 3.亲子游戏并非多么"高不可攀"，很多游戏爸爸妈妈在小时候都是经历过的，只是要根据宝宝的实际情况进行灵活调整。

（二）认知方面

	方的和圆的
活动目标	1.培养宝宝的观察能力，让宝宝能够通过观察，明白圆的东西可以滚动，并逐渐在尝试中体会物体本身的特征和物体之间的联系。 2.通过搭积木，锻炼手部的精细动作。 3.通过共同探索增进亲子之间的感情。
前期准备	3块方形积木、1个塑料球、1个罐头盒、1个易拉罐。
互动要点	1.爸爸向宝宝出示2块方形的积木，1个塑料球。先让宝宝自由摆弄一会儿材料，增加宝宝的兴趣。接下来向

宝宝示范如何将积木搭高。然后一边用语言说明，一边带着宝宝把一块积木搭在另一块上，再引导宝宝试着把塑料球搭在第二块积木上，但塑料球总是掉下来，滚到一边去了。

2. 在宝宝熟悉了规则之后，可以让宝宝自己尝试把塑料球放到积木上。在尝试了几次都不成功时，爸爸应当抓住时机再给宝宝一块方形积木，让宝宝搭上去，宝宝便会发现这次没有掉下。这样，宝宝在体验成功的同时也会感知到形状的差异以及其是如何影响滚动方式的。爸爸还应用语言加以强调："宝宝你把这个方形的积木放上去了，圆的小球没有放上去，看来方形的积木更适合放在方形的积木上面呢。"

3. 另外，爸爸还可以变换游戏形式，保持宝宝的参与兴趣。爸爸可以提供给宝宝一根便于抓握的小棒和一只小皮球。先观察宝宝会怎么玩，然后根据宝宝的反应情况，让宝宝用小棒推着皮球滚动，之后便让宝宝自主探索。最后拿走皮球，给宝宝换来另一样东西(比如1个罐头盒、1个易拉罐)，看宝宝是否会用小棒推着易拉罐滚动。

▲ 图形玩具也可以让宝宝认识形状

温馨提示

1. 家长不要急于教宝宝玩，也不要急于说明背后的物理原理，而是要启发宝宝自己去做。

2. 游戏结束，可由家长对游戏进行总结，注意语言应当符合宝宝的认知水平，这样能帮助宝宝梳理经验，加强宝宝的理解能力。

（三）语言方面

活动目标

1. 听儿歌，学习小鸭子的叫声。

2. 学习动作：用双手模仿小鸭子的嘴巴。

3. 感受儿歌中的律动，体验和成人互动的乐趣。

前期准备

经验准备：宝宝见过小鸭子或看过相关的影像资料，对小鸭子有一定的认识。

物质准备

小鸭子的手偶或橡胶玩具。

互动要点

1. 爸爸或妈妈向宝宝出示小鸭子玩具以吸引宝宝的注意力，同时说："宝宝你看，这是什么呀？"如果宝宝还不能用语言表达，可以告诉宝宝："这是一只小鸭子。"注意介绍名称的时候应当放慢语速，嘴型可以夸张一些，加深宝宝的印象。然后让宝宝自己先玩一玩，使宝宝更熟悉小鸭子玩具。

2. 在宝宝对小鸭子玩具有了一定的了解之后，爸爸或妈妈应当趁热打铁对宝宝说："宝宝你知道小鸭子怎么叫吗？"问题抛出后可以等一等看宝宝有什么反应，然后对宝宝说："我有一首很好玩的儿歌，宝宝来听一听，看看鸭子是怎么叫的？"

3. 爸爸或妈妈完整地表演一遍儿歌，宝宝欣赏。

4. 爸爸或妈妈可以和宝宝面对面，牵着宝宝的手模仿关键动作，边做边描述："小鸭子嘎嘎叫，嘴巴要怎么做呢？两只小手合起来，掌心贴掌心，一只在上一只在下，一开一合，嘎嘎嘎。"

5. 在宝宝基本掌握了动作要领之后，爸爸或妈妈可以一边念儿歌，一边和宝宝一起做动作，在说到鸭子的叫声时可以大声或提高声调、放慢语速，吸引宝宝的注意，眼睛看着宝宝，宝宝自然而然便会跟着模仿小鸭子的叫声。

6. 随着宝宝熟悉儿歌和动作，爸爸或妈妈可以在念到最后一句"走到河里去玩耍"时，和宝宝一起用手模仿小鸭子的嘴巴，并相互用手做追逐游戏。

温馨提示

模仿小动物的叫声是10—12个月宝宝喜欢的活动，因此，这个游戏符合宝宝的月龄特点，但是要配合手部动作对于宝宝来说有一定的挑战，爸爸妈妈一定要保持耐心，让自己和宝宝能够获得更好的游戏体验，增进亲子之间的感情。

（四）情感与社会性方面

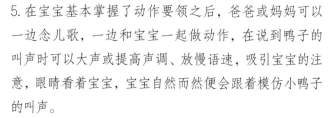

过家家

活动目标

1. 能够听懂成人简单的指令并做出相应行为。
2. 能够模仿部分成人的社会性行为，比如照顾娃娃、打招呼等。
3. 感受爸爸妈妈对宝宝的照顾与关爱。

前期准备

玩具娃娃、玩具餐具和一些仿真食物。

互动要点

1. 准备一个玩具娃娃，玩具娃娃的头发可梳可扎，眼睛会动；玩具娃娃的衣服可以脱下、穿上；玩具娃娃有袜子、鞋子等。再准备一套玩具餐具。

2. 游戏时，爸爸、妈妈可以先给宝宝示范，一边说话一边玩过家家，让宝宝在旁边观察。爸爸妈妈很仔细、很缓慢地做每一个动作，可以让宝宝参与一些力所能及的事情，比如在给娃娃穿衣服时可以让宝宝扶着娃娃，或者让宝宝帮娃娃找鞋子。需要注意的是，在这里给宝宝指令不是为了要求宝宝做得标准而正确，而是为了让宝宝能够理解爸爸妈妈的指令并参与其中。

3. 在给娃娃喂饭的游戏情境中，爸爸妈妈可以请宝宝给娃娃选取一些食物，并放到娃娃的餐具里。爸爸妈妈可以在这一过程中渗入一些关于分享行为和营养的知识。重点是让宝宝体会到自己是很能干的，可以照顾娃娃。

温馨提示

1. 宝宝的天性中有一种对成人生活的内在向往，往往对过家家这类游戏十分感兴趣。由于认知水平的限制，宝宝的游戏水平和能力有限，因此爸爸妈妈应当重视宝宝的参与过程，并应当亲自参与到游戏中，观察细致的爸爸妈妈也许能从宝宝的游戏中了解到更多宝宝的内心世界，这对于提供有效的家庭教育来说十分重要。

2. 玩过家家的内容可以是各个方面的，如给娃娃穿衣、梳头、喂饭、哄娃娃睡觉等。具体内容的多少可根据宝宝的发展情况来决定。

三、10—12 个月婴儿的发展评价

当满 12 个月的宝宝不能达到下述指标时，应引起家长的高度重视，必要时应及时向儿科医生或保健专家进行专业咨询。

宝宝 10—12 个月时的表现

表现		
1. 宝宝的身长、体重和头围的生长曲线偏离正常范围。	是 ○	否 ○
2. 宝宝长出了 6—8 颗乳牙（如果还没开始长牙则可能需要及时就医）。	是 ○	否 ○
3. 能够熟练地爬行，动作灵活。	是 ○	否 ○
4. 能扶着家具或别的东西行走。	是 ○	否 ○
5. 能滚皮球，喜欢探索周围的环境，愿意尝试多种玩法。	是 ○	否 ○
6. 喜欢反复捡起东西再扔掉，不断重复。	是 ○	否 ○
7. 会搭 1—2 块积木，手眼协调能力有所增强。	是 ○	否 ○
8. 能找到藏起来的东西，喜欢玩藏东西的游戏。	是 ○	否 ○
9. 能理解一些简单的指令，并做出相应的动作，如拍手、挥手再见。	是 ○	否 ○
10. 能配合家长穿脱衣物。	是 ○	否 ○
11. 能使用面部表情、手势与简单的字或词和亲近的成人交流，喜欢亲近熟悉的成人，如对其微笑或拍手。	是 ○	否 ○
12. 能模仿简单的声音，比如简单的字或词、动物的声音。	是 ○	否 ○

13. 当快速移动的物体靠近眼睛时会眨眼睛。　　　　　是〇　　否〇

14. 能跟父母、家人、小朋友友好地玩耍。　　　　　是〇　　否〇

15. 会用手指向想要的物体。　　　　　是〇　　否〇

1—2岁

第六章
13—18个月婴儿的发展特点与家庭教养指导策略

一、动作发展

13—18个月的宝宝身体各器官的机能已经有了初步的发育，无论是粗大动作的发展，还是精细动作的发展都有了很大的进步。

（一）粗大动作的发展

在粗大动作的发展方面，12个月左右的宝宝已经迈出了自己的第一步，能够站稳和学着迈步了。刚开始时可能需要爸爸妈妈牵着他的手走，也可以扶墙或栏杆行走。渐渐地，宝宝可以在爸爸妈妈放手的情况下独自往前摇摇晃晃地走两三步，并能够在行走中停住，再开步往前走。

13—18个月宝宝身体各器官的机能已经有了初步的发育，肢体活动在所有活动中占有的比例最高。这个阶段宝宝在动作发展上最大的变化就是从站稳、学着迈步到可以独立自由行走。在这个时期，宝宝已经不再满足于扶着东西站立和在家长的搀扶下简单迈步了，有些宝宝不但能够站得很好，而且走得也很稳，还能倒退着走路，已经是一个行动独立自主的宝宝了。这个时期的宝宝往往会跑，但是不稳，常常会摔倒；喜欢扔球和抬脚踢球；能自己扶楼梯扶手上楼，会趴下倒退着下楼；可以蹲下捡起玩具而不跌倒。18个月时，宝宝已经能行走自如了，能拖拉玩具车或者倒退走，能够单腿迈步上下台阶。

▲ 宝宝迈步走　　　　　　▲ 行走自如

（二）精细动作的发展

在这一阶段，宝宝的手指更加灵活，触觉更加敏感，宝宝会更聪明、更富有创造性，思维也会更加开阔。13—18个月宝宝的手部精细动作发生了突飞猛进的发展，手眼活动从不协调到协调，五指从不分工到较为灵活地分工，他们能更好地控制手指、手腕等部位，手部的灵巧度也不断提升，开始学会扔、拿、抓、拉、推、摆弄各种东西。虽不像成人那么轻易，但仍能拿蜡笔在纸上涂鸦，会翻书页，会模仿成人的一些简单的动作，可以用吸管喝水，并以自己的方式使用勺子等餐具；转动门把手和脱鞋袜对他们来说也不是困难的事。有的宝宝甚至可以自己脱没有扣子的衣服，在成人的帮助下可以洗手和刷牙。

 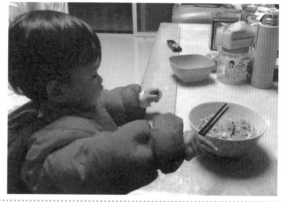

▲ 洗手　　　　　　　　　　▲ 自己吃饭

18个月以前的宝宝为什么喜欢吸吮手指

我是一个新手妈妈，从1周岁起，宝宝就出现了喜欢吃被角、吃玩具、吃手指等行为现象，不管成人怎么阻挠，宝宝还是我行我素、津津有味地吸吮着自己的手指，且总是不肯把手指拿出来。别的妈妈提醒我，是不是因为没有供给宝宝充足的母乳？或者是宝宝独自睡觉时，没有给予宝宝充足的陪伴？我把这些情况都一一排除了，宝宝的奶水很充足，而且一直也是跟着我睡的，我不知道为什么宝宝总是喜欢吸吮手指呢？这种行为到底好不好呢？我应该怎么处理这种状况呢？

人类从出生开始就会吸吮，吸吮手指一方面可以给宝宝带来充足的安全感，帮助宝宝抵抗因对这个世界不熟悉而产生的焦虑感；另一方面，宝宝本身就有吸吮的需要。喜欢吸吮手指或其他东西，并不意味着宝宝想吃东西，肚子饿了，更不是因为宝宝手指甜。宝宝吸吮手指是宝宝对外界积极探索的表现，这说明宝宝支配自己行动的能力有了很大的提升，也标志着宝宝手、口动作互相协调的能力发展到了一定水平，且吸吮手指对宝宝自身情绪的稳定也起到了一定的促进作用。

因此，爸爸妈妈要知道，吸吮手指是每个宝宝成长过程中的必经阶段，如果误认为这是坏习惯而横加阻拦，将引起宝宝不满和哭吵，甚至情绪波动。其实，家长可以放宽心，因为大多数宝宝随着月龄的增大，接触的事物越来越多，到了1.5岁左右，手眼协调和手功能更熟练，当宝宝可以拿取周围新奇的东西摆玩时，这种吸吮手指的行为就会逐渐消失。

虽然18个月以前的宝宝吸吮手指很正常，但是爸爸妈妈也要谨慎预防宝宝过度吸吮带来的不良影响：一是防止病菌感染，引起肠炎、寄生虫病等肠胃道疾病；二是谨防手指增生变形，造成脱皮、肿胀等外伤；三是预防过度吸吮手指带来的脸部变形，造成上颌的前牙前伸或下颌及下前牙前突，影响牙齿的排列和咬合。预防宝宝过度吸吮，最好从婴幼儿时期着手，以下是给父母的一些建议：

1. 尽可能地实现母乳喂养，让宝宝充分享受吸吮的快乐。不要突然断奶，让宝宝失去安全感，要给宝宝逐渐适应辅食和配方奶的时间。

2. 家长要准确分辨宝宝的生理和心理需求，多拥抱宝宝，多陪宝宝做游戏，睡前给宝宝讲轻松愉快的故事，让宝宝随时能感受到安全、幸福和满足。

3. 当宝宝睡醒时，不要让宝宝在床上独自待太久的时间，以防宝宝因为无聊将手指放入口中，养成不良习惯。

4. 当宝宝已经出现了吸吮手指的行为时，家长要适时地给宝宝提供充足的可探索的玩具来引导宝宝抓握，或者和宝宝做一些亲子游戏来转移宝宝的注意力。

5. 家长还要经常带宝宝到户外活动，多和其他小朋友互动，开拓宝宝的眼界。

二、认知发展

13—18 个月宝宝的认知功能不断发展，记忆能力逐渐增强，表现出强烈的好奇心，延迟模仿、空间知觉、大小知觉、假装游戏等方面也得到了很大的发展。

宝宝玩厨房游戏

（一）出现了强烈的好奇心以及比较稳定的想象力

13—18 个月的宝宝出现了强烈的好奇心以及比较稳定的想象力，并开始用尝试、重复和模仿的方式解决问题。他们能指出简单的人、物和图片，能够把实物的象征符号和实物本身联系在一起，如把妈妈的照片和妈妈本人联系在一起，把妈妈的声音与妈妈本人联系在一起，常常对陌生人和周围的事物表示新奇，被形象生动、色彩鲜艳的图画书、玩具所吸引，但这时宝宝的注意力常常容易分散。

（二）高级认知功能开始萌芽，记忆力不断提升

13—18个月宝宝的高级认知功能开始萌芽，这也标志着宝宝智力的发展进入一个新的阶段。与此同时，宝宝的记忆力不断提升，不但对自己喜欢和讨厌的东西有了明确的想法，而且能够记住自己喜欢和讨厌的东西，能够认出自己的家人，并对自己的家人和喜欢的东西产生一定的依恋。但这个月龄段的宝宝只按事物的表面特性记忆信息，仍以机械记忆为主。

（三）空间知觉开始萌芽

随着宝宝年龄的增长，宝宝对空间的认知也逐步发展起来，其中包括对客观事物的位置、方向、形状、大小、远近等概念的认知能力。13—18个月宝宝的空间知觉尚未发育成熟，但宝宝已经对物体的形状和事物之间的距离有了初步的感知，如果给13—18个月的宝宝不同形状的积木和模型，他们可以根据积木的形状把它放进圆形、三角形、方形、菱形的不同空格中。

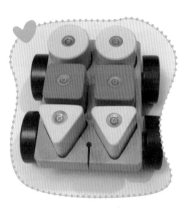

▲ 形状拼板

三、语言发展

13—18个月的宝宝对外界的刺激十分敏感，周围环境中大量的语言输入使他们的语言能力迅速发展。

（一）进入单词句阶段并擅用叠词

13个月的宝宝还只能说一两个词，到18个月时，宝宝知道的词语越来越多，并呈指数级增长。在此阶段，宝宝开始把词连成句子，而且理解能力远远超出表达能力。这个时期的宝宝已经进入了单词句阶段，他们已经会叫"爸爸""妈妈"了，大多数的宝宝都能说简单的单字或叠词，如"车车""饭饭""虫虫"

等。此外，13—18个月的宝宝常用同一个词代表许多不同的意思，以词代句，词义的精确性还较低。如宝宝叫"妈妈"，可能是在和妈妈打招呼，也可能是要妈妈抱，还可能是要妈妈给他吃的；"水"可能表示"我要喝水"，也可能表示"那里有水"，爸爸妈妈需要根据实际情况加以理解，并给予宝宝积极的回应。

（二）词汇逐渐丰富，理解能力不断提升

随着宝宝年龄的增长，词汇量的不断上升，听觉的逐渐敏锐，18个月的宝宝大约能掌握50个左右的词，虽然宝宝使用的词不多，但会从成人的动作中了解词义，能听懂简单的指令，能听懂他人对宝宝的呼唤。能够理解他人诉说有关事情的简单句子，能够用手势和动作简单地表达意愿，如爸爸说："宝宝的球在哪？"宝宝可以用动作表示"那里"。能够理解有关意愿的相关句子，如妈妈说："我们洗澡吧。"宝宝会说："不。"另外，13—18个月的宝宝喜欢听家长对自己说话、唱歌、读儿歌、讲故事，并能够将周围事物与特定的名称相联系，如"妈妈的宝宝""宝宝的车车"等。

（三）元音和辅音发音尚未成熟，发音不够清晰和准确

13—18个月宝宝的语言发展主要体现在对言语的理解能力加强，能说出的词仍较少，一般都是单字词，多为单音重复，如妈妈、奶奶、灯灯、谢谢等。此外，13—18个月的宝宝元音和辅音发音尚未成熟，对词的发音不够准确或清

晰，经常会发生漏音、丢音或替代发音的现象，如把"姑姑"说成"嘟嘟"，把"哥哥"说成"得得"等。随着宝宝年龄的增长，宝宝的发音会越来越准确。一般情况下，13个月至18个月的宝宝发音不准确是普遍现象，爸爸妈妈要多些耐心，给宝宝亲密的陪伴，让宝宝有机会接触外界更多的语言信息，激发宝宝说话的意愿。

宝宝开口说话

为什么宝宝说话有早有晚

　　每个宝宝能够开口说话的时间有早有晚，一般来说，宝宝6个月就已经能发出一些喃喃的声音了，10—13个月左右便可以说出最早的词。不同的宝宝说话的时间也是有早有晚的，少数宝宝可能早一些，或者晚一些，有些宝宝还会延续到第15—17个月才开口说话，这种差异与遗传存在着一定的联系。有的宝宝语言表达能力发展比较缓慢，18个月还是迟迟不肯开口说话，即使说也是只讲几个单字，这种情况不能单纯地被认为是语言能力存在缺陷，因为宝宝的语言发展也存在个体差异，可及时就医，让医生来判断宝宝的发展水平。

　　通常情况下，女宝宝说话比男宝宝早，语言表达能力也更强一些。另外，宝宝语言发展的差异与遗传、环境等因素息息相关。比如宝宝的爸爸性格比较内向，沉默寡言，那么宝宝就有可能遗传了爸爸，形成害羞腼腆的性格；有的家长对宝宝的照顾过于细心周到，导致宝宝几乎没有语言表达的需求，也会致使宝宝开口说话较晚。因此，家长要抓住时机，为宝宝创造更多说话的机会。

　　首先，家长要结合日常生活，为宝宝创造一个丰富的语言环境，多鼓励宝宝开口说出自己的需求，如"我要妈妈""我要饭饭"等简单的词句。应增加与宝宝语言交流的机会，在稳定而愉快的心理氛围中，促进宝宝的语言表达由单词到单句、短句发展。

　　其次，家长要树立良好的语言榜样和语言示范，使用清晰并标准的汉语发音与宝宝交流，保持耐心、细心和亲和的态度，并尽可能多地使用一些拟声词，激发宝宝对语言模仿的兴趣。

　　最后，家长要及时关注宝宝感兴趣的事物，可以采用让宝宝听儿歌、给宝宝念童谣、陪宝宝看图画书或者给宝宝讲故事等他们喜欢的形式，培养宝宝的语言兴趣。

四、情感与社会性发展

13—18个月宝宝的情绪逐渐分化并开始多样化，随着宝宝自我意识、交往能力、认知水平的提高，宝宝进一步出现骄傲、羞愧、内疚、同情等情绪。

（一）自我意识开始萌芽

▲ 宝宝照镜子

12个月以后宝宝的自我意识开始萌芽，他们对自己有了初步的认识，能够区别自己和自己以外的事物，逐渐知道了自己的名字，并能够意识到自己的身体，开始认识自己身体的各个部分，如"宝宝的小手""宝宝的帽子"，能够较为准确地表达自己的感受，如"宝宝饿""宝宝痛"等。另外，宝宝能够意识到镜子里的影像不是真的的，如在镜子里看到了妈妈，宝宝会转过头来朝妈妈笑，这说明宝宝能够区别镜子里的人和身边的人，知道镜子里的人不是真的。

（二）情绪日益丰富

13—18个月的宝宝情绪更加丰富，会表现出复杂的情绪，例如不安、尴尬、害羞、内疚、嫉妒和骄傲等，能够更加强烈地表达自己的意识和情感，当得到称赞时，他们会用微笑表达内心的快乐；当被责备时会用哭泣表达内心的难过和生气，并逐渐开始出现惊奇、恐惧和害羞等微妙的情绪。此时，宝宝情绪的稳定性较差，常常被外界所支配，往往随着某种情境的出现而产生，又会随着某种情境的变化而消失。如当妈妈离开时，宝宝会因为和妈妈分离而哭泣，当宝宝的照料者将宝宝抱到一旁并给宝宝新的玩具时，宝宝很快就能产生愉快的情绪。

▲ 宝宝很开心

（三）开始出现分离焦虑

13—18个月的宝宝处于依恋关系的明确期，一般都会经历一个"黏父母"的阶段，所以宝宝在与经常照料他的人（尤其是妈妈）分开后，出现了情感上的不适并产生分离焦虑，这是宝宝生长发育过程中的一个正常阶段。大多数宝宝出现分离焦虑都是在9个月时，13—18个月表现得更明显。另外，这个时期的宝宝常常害怕陌生人和陌生的坏境，随着宝宝认知的分化、表征能力和客体永久性能力的发展，宝宝能够更好地分辨陌生人和熟悉的人，常常会用爬行、拥抱、把脸埋在依恋对象怀中等方式表现出对妈妈或者其他人的强烈依恋。

亲职大学堂

• 宝宝为什么特别黏人 •

来自家长的困惑

我是一个上班族妈妈，宝宝现在16个月了，每天早上我出门上班时，宝宝都会哭闹，变得特别黏人，所以我也只能选择宝宝还没有睡醒的时候偷偷离开。平时在家里，宝宝一刻看不到我，都会哭着到处去找。昨天半夜宝宝哭醒了，爸爸抱起来也没用，必须要我抱着哄她，连白天睡觉也是要我陪着，不然宝宝就会不高兴，一直大哭大闹。宝宝这样黏人，应该怎么办呢？

专家解答

在宝宝的成长过程中，这位妈妈遇到的情况非常普遍。13—18个月的宝宝还没有和世界建立稳定的联系，没有独立生存的能力，他们必须依赖家长的保护，当和家长分开时便表现出强烈的分离焦虑，其实这是一种依恋情感的表现，在宝宝的心理发展过程中十分重要。随着宝宝逐渐长大，宝宝的分离焦虑会逐渐减弱，反抗行为也会逐渐减少。

面对出现分离焦虑的宝宝，很多妈妈常常会被这份甜蜜的负担压得喘不过气。有的妈妈在面对黏人、哭闹的宝宝时，会选择冷处理的方式，但这会导致宝宝陷入被抛弃的恐惧中，反而更加依赖妈妈。因此，如何帮助宝宝建立对世界的安全感就显得尤为重要。

首先，家长要给宝宝充足的安全感，尽可能多抽出时间陪伴宝宝，多爱抚、拥抱、亲吻宝宝；其次，家长不要过度保护宝宝，要有意识地培养宝宝的独立性，如培养宝宝自己扶奶瓶、自己用勺子，然后逐渐培养宝宝自己穿衣服；最后，家长不要轻易地批评、否定宝宝，不要说一些"不听话的话爸爸就不喜欢你了""你要再这样，妈妈就把你的玩具送给其他的小朋友了"等影响宝宝建立安全感的话语，这样只会加重宝宝内心的恐惧感，不利于良好依恋关系的建立。

PART 2 第二部分　13—18 个月婴儿的家庭教养指导策略

一、13—18 个月婴儿的养育建议

（一）13—18 个月婴儿的生长保健

13—18 个月宝宝的生长发育速度逐渐放缓，到 18 个月时，男婴的平均身长范围可达 73.6—92.4 厘米，平均体重在 8.13—15.75 千克之间，头围范围为 43.7—51.6 厘米。女婴的成长速度略慢于男婴，平均身长为 72.8—91.0 厘米，体重 7.79—14.90 千克，头围范围为 42.8—50.5 厘米。随着颅骨的增厚，前囟门在 18 个月时关闭，头骨骨缝完全接合。同时，18 个月左右，大多数宝宝都已长出 10—12 颗乳牙。从身体形态上看，这一阶段宝宝的肌肉开始增加，"婴儿肥"逐渐减少，头部所占的比例逐渐减小，四肢逐渐加长，体型越来越像成人。

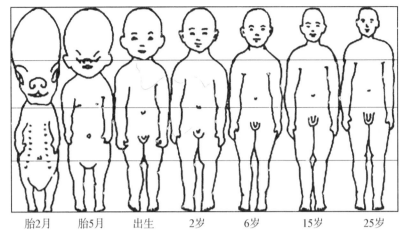

| 胎2月 | 胎5月 | 出生 | 2岁 | 6岁 | 15岁 | 25岁 |

▲ 体型的变化

宝宝缺钙吗

　　王女士从育儿论坛上看到，一岁半的宝宝已经长出 12 颗牙齿了，可是自己的宝宝现在 1 岁 6 个月了，只长了 7 颗牙齿。她有些担心是不是自己宝宝的生长发育出现了问题，难道是缺钙导致牙齿发育缓慢吗？应该怎么给孩子补钙呢？

　　缺钙确实会导致宝宝身体发育减缓，但是出牙迟并不意味着宝宝发育迟缓或者缺钙。出牙的快慢就像身长、体重、囟门一样，存在个体差异。如果家长实在担心，可以去医院进行具体的检查。

　　通常宝宝缺钙会有以下常见表现：宝宝的头周围有一圈枕秃，即脑后、颈上部位头发稀少（但并非所有的枕秃都表明缺钙）；晚上经常闹觉，啼哭不止，睡觉不安稳；非正常原因大量出汗。

　　补钙的最好方法就是食补。如果宝宝缺钙状况不是很严重，可以在日常饮食中注意添加奶制品、豆类、鱼虾类等食物。如果宝宝缺钙状况比较严重，就需要适当地给宝宝服用补钙剂，如乳酸钙的吸收效果较好，是为宝宝补钙的不错选择。此外，家长可以让宝宝多去户外晒太阳，有助于补充维生素D，促进宝宝在吃饭时摄入的钙质更好地被消化吸收。

保护宝宝的视觉

保护宝宝的视觉要从小开始，因为婴幼儿期是视觉发育的关键期，也是预防和治疗视觉异常的最佳时期。

一般宝宝的视觉异常可能有如下几种情况：①斜视。②两眼大小明显不一样。③近视，看东西离得很近，眯眼皱眉。④视觉立体效果差。⑤经常眼痛，头晕但又无急性眼疾。当我们发现或怀疑宝宝出现视觉异常情况时，应及时送医就诊并治疗。

家长要在日常生活中注重保护宝宝的视觉。①在饮食上，为确保宝宝摄入足够的维生素A，应提供蛋黄、肝、绿色蔬菜、水果等食物。②在看图画书时，要端正宝宝的姿势，保持眼与书的适当距离（约33厘米）。另外，家长要选择字体大小合适的书给宝宝看。③室内的光线应足够明亮，自然光不足时，就应开灯照明（照明最好使用日光灯，避免宝宝的眼睛受到刺激）。④不要常让宝宝看电视，偶尔看一次的时长也不要超过10分钟，同时电视机的荧光屏中心位置应低于宝宝视线。⑤经常进行一些户外游戏，在加强体格锻炼的同时能有效缓解视觉疲劳。

（二）喂养保健

13个月开始宝宝的食物应该从以奶和流食为主的饮食过渡到正常饮食，家长应尽量提供半固体、固体的食物，训练宝宝的咀嚼能力。但是此时宝宝的消化系统尚未完全成熟，因此给宝宝提供的食物还不能和成人完全一样，要根据宝宝的生理特点和营养需求提供富有营养又易于消化的膳食。主食可以吃软米饭、粥、小馒头、小馄饨、小饺子、小包子等，同时添加粗粮保证维生素 B_1 的摄入，配合鱼、肉、蛋、蔬菜等，保证饮食营养丰富且均衡。18 个月左右，宝宝正处于智力发育时期，家长可以让宝宝经常吃些深海鱼，如三文鱼、鲑鱼等，或者给宝宝添加深海鱼油，为宝宝智力发展提供益智因子。同时家长应该鼓励婴儿自主进食，婴儿满 12 月龄后应与家人一起进餐，逐渐尝试少盐、少糖、少刺激的淡口味家庭膳食。12 月的婴儿能用小勺舀起食物，但大多会洒落，18 月时自主进食能吃到大约一半的食物。

▲ 宝宝自己吃饭

育儿小百科

13—18 个月，宝宝每日喂养时间表

上午 7 点：*母乳 / 配方奶 + 早餐*

上午 10 点：*母乳 / 配方奶 + 水果或其他点心*

中午 12 点：*正餐，可尝试清淡的家庭食物，鼓励宝宝自己吃*

下午 3 点：*母乳 / 配方奶 + 水果或其他点心*

下午 6 点：*正餐，可尝试清淡的家庭食物，鼓励宝宝自己吃*

晚上 9 点：*母乳 / 配方奶*

喂养要点：

· 每天保持约 300—500 毫升奶量；

· 肉类 50—75 克；

· 鸡蛋 25—50 克；

· 软饭、面条、馒头等谷物类主食约 50—100 克；

· 在早餐和午餐、午餐和晚餐之间，临睡前各安排一次点心；

· 继续尝试不同种类的蔬菜和水果，尝试啃咬水果片，或煮熟的大块蔬菜，增加进食量，蔬菜、水果的量各为 50—150 克；

· 可以引入少量鲜奶、酸奶、奶酪等多样的奶制品。

注意：每个宝宝的进食量和进食时间都存在个体差异，以上内容仅供家长参考。

资料来源：2016 版《中国居民膳食指南》

（三）日常护理

13—18 个月是培养宝宝良好生活习惯的好时机，有规律的生活和良好的习惯会使宝宝精力充沛、食欲旺盛、情绪愉快、身体健康发展。

如厕

宝宝 13 个月左右时，家长可以开始训练他自己按时坐便盆大小便。注意观察宝宝的排尿、排便的时间规律，准时让宝宝坐便盆。对发生便秘的宝宝，更要及时进行每日定时排便训练，使其养成习惯。随着宝宝活动能力的增强，家长可以逐渐减少陪伴排便的时间，让宝宝学会独立排便。但是要注意，宝宝坐便盆的时间不宜太久，如果超过 5 分钟或者宝宝强烈拒绝时，家长就不要勉强宝宝。

被褥

宝宝的被褥枕巾等床上用品除常清洁换洗外，还应注意采用柔软、耐洗、不掉色的棉布材质的被褥，宝宝的被褥也应随季节变化而更换。宝宝的枕头应是柔软扁小的，又高又软的羽绒枕头并不适合宝宝，因为这样的枕头可能会因堵住宝宝的口鼻而引起窒息。

衣物

随着宝宝身体各机能的发育，宝宝的活动量和活动范围逐渐增大，家长要为宝宝挑选适宜的衣物。宝宝开始学走步时，不适宜穿过长的裤子，女宝宝不要穿长裙，家长也尽量不给宝宝挑选套头的衣服，以保暖、柔软、吸湿性和透气性好为原则，选择棉质、防磨损的衣服，衣服上不要有带子、金属饰品等；衣服不宜过大或过小，过大容易遮挡宝宝行走的视线，还会使宝宝绊倒，过小则会影响舒适度，束缚宝宝的行动；宝宝的鞋袜也不宜过大或过小；家长要根据不同季节为宝宝选择，冬季宜用松、厚、深色的毛、棉织品制成的衣服及裤子，夏季宜用细、薄、浅色的麻、丝织品制成的衣服及裤子；另外，家长要根据气温的变化给宝宝挑选，不可给宝宝穿得过多或过少。同时要培养宝宝穿戴整齐的好习惯，可让宝宝从过去配合穿衣逐渐过渡到学会一些简单的自己穿衣的动作，循序渐进地进行尝试和练习。

18 个月左右的宝宝已经可以用手势或者简单的语言示意家长他们要大小便了，如果此时宝宝还穿开裆裤，容易养成随地大小便的不良习惯，并在日后难以纠正。同时，这一阶段的宝宝活动能力与活动范围都大幅度增加，穿开裆裤暴露私处，易造成泌尿系统的感染。室外活动时，也容易因暴露臀部和小腹而受凉。因此，家长要及时为宝宝更换满裆裤。

要想让宝宝早日适应满裆裤，需要家长的耐心坚持和细致科学的培养。一开始家长可以选择裤裆可以开关的样式，这样既能方便宝宝大小便，又能达到穿满裆裤的目的。最好在夏天的时候开始给宝宝换穿满裆裤，先从穿短裤开始逐渐适应，再随着气温的变化，慢慢过渡到长裤。此外，在更换满裆裤后，家长最初要帮助宝宝穿脱裤子，之后再逐渐引导他自己穿脱。

需要注意的是，在更换为满裆裤的过程中，宝宝难免会出现尿湿裤子的状况。此时，爸爸妈妈一定要耐心，控制自己的情绪，不能责骂宝宝，否则会对宝宝的心理健康产生负面影响。

如何为宝宝选择合适的衣物

随着宝宝骨骼和肌肉的不断发展，身体运动能力的不断提升，宝宝渐渐地不但能够站立，而且能够蹲着玩、踢着玩、倒着走等。因此，家长为宝宝挑选合适的衣服、裤子及适宜宝宝运动的鞋子显得格外重要，这也是保证宝宝健康的条件之一。

·衣服的尺寸要合理。

家长要为宝宝选择尺寸合理、方便穿脱、样式简单的衣服。衣服过小，会使宝宝感到不舒服，影响宝宝的骨骼发育；衣服过紧，也会因为压迫胸部和腰部，导致宝宝的胸廓变形。

·为宝宝选择合适质地的衣服。

宝宝的皮肤十分娇嫩，要为宝宝挑选布料舒服、柔软天然、干净卫生、吸汗性和透气性好的衣服，如棉质或丝绸质的衣服。给宝宝穿衣服时，家长也应该及时检查衣服的线头和拉链，查看接缝等处缝制是否平整等，以免磨伤宝宝的皮肤。

·为宝宝挑选合适款式的裤子。

家长要为宝宝选择方便他们活动和穿脱的衣服，宝宝的裤子不要用带子或松紧带来系，以免影响宝宝的血液循环；宝宝的裤子不宜太长，最好不要给女宝宝穿长裙；另外，也尽量不要给宝宝穿带有太多装饰品的裤子，否则会妨碍宝宝的正常活动，甚至划伤宝宝的皮肤。

·勤于更换。

夏季，宝宝出汗较多，身体和衣物上充满汗渍。因此，宝宝的衣物要勤洗勤换，避免宝宝患上皮炎等皮肤性疾病。

·为宝宝挑选合脚的鞋子，不能太肥、太松、太硬。

太大、太松的鞋子会使宝宝走路时不敢抬脚，走路拖拖拉拉，从而影响宝宝走路的姿势；太小的鞋子会影响宝宝脚部肌肉和韧带的发育，造成趾骨变形。

·不宜让宝宝穿着拖鞋走路。

13—18个月的宝宝，脚踝发育的还不够有力量，脚趾也仍未定型，穿拖鞋走路会让宝宝形成不良的走路姿势，也会导致宝宝摔倒等意外的发生。

睡眠

13—18个月期间，宝宝时常会在夜间惊醒。大部分家长可能会认为宝宝睡睡醒醒很正常，其实不然，睡觉不踏实会影响宝宝的身心健康和体格发育。因此，家长必须要弄清楚宝宝为何会在夜间惊醒。13—18 个月的宝宝在夜间醒来后无法入睡通常有以下两种原因。

其一是宝宝在半夜醒来会感到孤独和不安，进而产生焦虑，无法入睡。此时，爸爸妈妈需要对宝宝进行安抚，如打开床头的小夜灯，轻轻地拍拍宝宝的身体，同时轻声地安慰他："宝宝乖，妈妈在身边陪你，安心睡觉吧。"一直到宝宝睡着了，再停止拍他的身体。如果

▲ 宝宝安然入睡

第二天晚上宝宝又一次惊醒，爸爸妈妈可以继续用这种方法安慰宝宝入眠，但是要逐渐减少手的轻拍频率，主要用语言安慰。慢慢地，家长可以不用出声，只是安静地陪伴，让宝宝自己睡觉、进入梦乡。用这种方法来缓解宝宝夜间惊醒过程较长且见效缓慢，因此爸爸妈妈一定要保持耐心。

其二是宝宝半夜醒来不想继续入睡，而是想找人陪他玩耍。发生这种情况时，宝宝可能会用哭闹来寻求爸爸妈妈的关注，希望爸爸妈妈可以抱着他走一走或者陪他一起玩耍。如果爸爸妈妈假装睡觉不予理会，宝宝会哭闹得更加大声，甚至会拍打或抓爸爸妈妈的头发和脸。此时，爸爸妈妈要注意，一定不能因为宝宝哭闹不休就顺从他，陪他玩耍，否则将会养成夜间醒来一定要人陪同玩耍而不肯睡觉的坏习惯。正确的处理方法应该要先以安抚为主，爸爸妈妈可以先抱抱宝宝、晃一晃、哄一哄，然后再把宝宝放到床上，轻拍身体让他入睡。

多带宝宝进行户外活动

这样持续几天冷处理或者进行安抚，宝宝慢慢地就不会醒来后哭闹不止了。如果宝宝经常出现夜里醒来寻求成人陪同玩耍的情况，爸爸妈妈则应该反思是否是宝宝白天睡的时间太长，并适当减少白天的睡眠时间，同时给宝宝增加一些活动量，这样到了晚上会更容易进入深度睡眠。

此外，13—18 个月的宝宝如果时常在夜间醒来，

家长就要注意宝宝是否缺乏营养，如缺乏维生素 D、维生素 B_1 或者缺钙都会导致宝宝夜间易醒。因此，爸爸妈妈为宝宝提供的膳食不能太过精细，多食用钙、维生素 D 含量丰富的食物。此外，爸爸妈妈还要经常带宝宝到户外活动、晒太阳，促使宝宝皮肤中的维生素原转变成维生素 D，以促进钙的吸收利用。

不良情绪

随着宝宝活动能力的增强，在学步或者玩耍过程中他们可能会遇到各种挫折和失败。如果此时宝宝出现大哭或发脾气的现象，家长一定要耐心对待，不能因为宝宝的哭闹产生烦躁情绪或者丧失理智。当宝宝无法控制情绪，大发脾气时，家长可以选择安慰宝宝，也可以选择冷处理，暂时让宝宝一个人哭一会儿，宣泄自己的不良情绪，让宝宝适应需要不断失败才能不断进步的过程。

（四）疾病预防与护理

13—18 个月宝宝自身的免疫系统还没有发育完全，所以非常容易生病，尤其是容易患有感冒、咳嗽等病毒入侵型的疾病。因此，家长应定期带宝宝到医院进行体检，观察宝宝发育是否正常，身体是否存在疾病隐患。要注意的是，此次体检应该比之前的几次更加全面，包括称体重、量身长、量头围，检查脖子、耳朵、眼睛、牙齿、腹胸部、生殖器等，还包括心肺与心率检查、大便和血红蛋白等。

疫苗接种

13—18 个月宝宝必须接种的一类疫苗有以下几种：

18 月龄 甲肝减毒活疫苗—第一针；麻风腮三联疫苗—第二针；百白破疫苗—第四针。

感冒

由于免疫力较低，病毒感染导致的感冒是 13—18 个月宝宝的常见病。目前病毒感染引起的感冒尚无特殊治疗方法，主要是对症处理。

因此，家长要注意加强对宝宝的护理：让宝宝多喝水，尤其是当感冒引起发烧时，更应多喂宝宝喝水，以补充水分的损失，并起到降温作用。给宝宝准备营养丰富且易消化的食物，以补充生病时消耗的营养，提高自身的免疫力。尤其当宝宝的病程长、持续高热时更应注意补充营养，在每次退热后精神、食欲好转时，要及时给宝宝准备软烂、易消化、清淡的餐饮，如乳制品、豆制品、鱼、蛋、蔬菜、粥和面条等，也可吃少量水果，要注意少喂宝宝油腻荤腥的食物。此外，要保证宝宝充足的睡眠，在平时睡眠的基础上增加休息时间，以增强宝宝的抗病能力。睡觉时应给宝宝脱去一些衣服，以免起床后着凉，盖的被褥要合适。

▲ 注意补充营养

此外，在宝宝感冒期间，家长要注意观察宝宝的呼吸频率以及胸口是否凹陷，一旦出现呼吸增快或者胸口凹陷的状况，就要及时就医。

咳嗽

◀ 多吃蔬菜和水果

13—18 个月的宝宝由于肺脏娇嫩，免疫力较差，常常会患有呼吸道疾病，最常见的症状便是咳嗽。咳嗽不仅会造成身体不适，还会严重影响睡眠质量，长期以往抵抗力也会下降。因此，除了药物治疗外，还要对宝宝加强护理，注意调养与禁忌的事项。在保证睡足觉，喝足水，多吃蔬菜和水果，饮食清淡且营养丰富的同时，避免吃发物，以及酸涩、油腻辛辣和味道较重的食物。此外，要注意保持室内空气清新。家里要定时开窗通风，还要保持室内湿度，这样有利于呼吸道黏膜保持湿润状态和黏膜表面纤毛摆动，有助于痰的排出。

头痛

13—18 个月的宝宝可能会出现头痛且哭闹不休，但是却无法用语言准确描述具体状况，此时家长就会既焦急又不知所措。当遇到这种情况时，家长一定不要惊慌失措，要注意观察宝宝的症状。

首先，家长要关注宝宝的体温及精神状态，如果宝宝头痛的同时伴有发烧，但是精神状态较好，那么此时头痛多为发烧引起的并发症，热度退下去即可减轻；如果宝宝头痛较剧烈，且伴有精神不振，甚至抽搐、昏睡、昏迷，多考虑为神经系统感染；如果宝宝没有发烧，而是外伤后出现持续性头痛或伴有意识障碍，则可能有颅内出血。其次，家长要观察或询问宝宝头痛的部位，如果是头部弥漫性疼痛则有可能是中枢病变，如果是额部疼痛则可能是鼻窦出现病症，如果仅限于一侧通常是偏头痛。此外，家长要注意观察宝宝头痛的持续时间，通常偏头痛具有反复性，持续时间不定，中枢病变导致的头痛具有持续性，鼻窦炎导致的头痛则表现为晨重晚轻。

综上所述，当宝宝出现头痛时，家长应仔细观察除头痛外，宝宝是否发烧、精神状态如何、疼痛的具体部位及持续时间，为医生提供可靠的病史，以便尽早明确诊断，及时治疗。

◀ 户外探索

（五）安全

13—18个月的宝宝已经可以开始走路，他们喜欢四处探索、攀爬，也由此带来更多的安全隐患。家长在更加注意孩子安全的同时，也要给予宝宝探索和寻找快乐的机会。

室内安全

18个月左右的宝宝在掌握了行走能力后，就不再安分地听从家长的安排了。只要是醒着，他们就热衷于四处攀爬，不断地尝试和探索，很可能攀爬楼梯、架子或者踩着椅子爬上家里的各种家具。由于不知道危险，他们通常会爬得很高，一旦掉落下来将会发生巨大的危险。同时，这一阶段的宝宝对于感兴趣的东西会尽可能地排除万难去拿，当他们爬到高处后，很可能会拿到一些隐含危险的工具或者物品。因此，这一阶段家长一定要加倍留意家庭环境的安全性，重新设置房间摆设，细心看管宝宝的活动，并将危险物品（如药品、尖锐物

▲ 宝宝不能玩刀具

品、各种化学清洗剂等）存放在上锁的柜子中。家长要有意识地覆盖住有电源插座的地方，避免宝宝将手指放入插孔里，让宝宝在家里可以安全又自由地探索发现和学习。另外，也不宜让宝宝进入厨房，热锅、刀叉和开水等物品对宝宝来说都存在安全隐患。

随着宝宝可以直立行走，宝宝的双手也得到了解放，他们可以不断地用手摆弄操作各种玩具。因此家长要为宝宝挑选无毒、干净的玩具，留意有尖锐的形状、带有毛刺的玩具以及容易吞下的东西，包括弹球、棋子和任何直径小于4厘米的东西，并确保玩具的形状和材质的安全，过大过重的玩具会弄伤宝宝的小手，过小的玩具会让宝宝有误食的危险；另外，家长也应注意带有裂缝、小洞的玩具，避免宝宝把手插进去，最终卡住取不出来。

◀ 给宝宝玩安全的玩具

13—18个月的宝宝户外活动的机会大幅增加，他们开始在户外蹒跚走路、蹦跳，或者攀爬小区和公园中的器械，活动能力的提升也意味着周围的环境都可能隐藏着各种各样的危机。因此，家长在带领宝宝进行户外活动时一定要注意看管，不能让宝宝离开自己的视线。玩器械时要选择有安全认证的设备，检查是否有在宝宝可能蹦跳、跌倒的地方放置软垫；设备的表面是否平滑，是否

▲ 在户外荡秋千

▲ 注意户外安全

有碎裂面等。同时，要教会宝宝正确使用各种户外玩具、器械，保证在家长看护或协助下玩耍。

为了使宝宝接受不同程度的冷热刺激，提高对外界气候变化的适应能力和对疾病的抵抗能力，增强体质，家长应带宝宝来到户外进行适宜的活动。这时，家长不要选择太热或者太冷的时间出去，尤其避免在夏季的中午出门；不要给宝宝穿太过厚重的衣服，避免宝宝因穿得过多而流汗，再导致感冒；家长要注意宝宝的安全，不要让宝宝摔倒，更不要让宝宝离开自己的视线到车辆繁多的地点；家长可以带宝宝去一些有山、有水、有动物、有植物的环境优美的小公园。

在进行户外活动时，如果天气非常炎热，宝宝还有脱水的危险。13—18个月宝宝的身体散热功能比青少年和成人要差，如果在户外玩耍一会后，宝宝表现得很没有精神，或者烦躁不安，有的宝宝还会呕吐或腹痛，甚至昏迷，很可能是脱水了。此时家长一定要及时把宝宝带到阴凉的地方并喂宝宝喝水，如果宝宝没有好转，或者仍有呕吐的现象，应该马上带他去看医生。

日常玩耍时，家长要注意提醒宝宝经常喝水，最好是喝白开水，不要喝饮料。

二、13—18个月婴儿的教育建议

▲ 多让宝宝探索

13—18个月，宝宝逐步进入幼儿期，身体生长的速度虽然放缓，但是动作、认知、语言、情感与社会性却在第一年的基础上迅速发展。他们对周围的世界充满好奇，并开始用自己的身体展开探索。家长会惊喜地发现，宝宝开始从喃喃学语变得可以清晰开口叫"爸爸""妈妈"；愈加熟练地走、跑等技能像是为宝宝打开了一扇新的大门，让他们的活动范围明显扩大，爸爸妈妈逐渐成为了他们的"小跟班"……然而，宝宝也面临着许多矛盾：他们天生爱探索，喜欢亲自动手尝试，但是手脚又不够灵活；他们开始关注其他小朋友，但是还不知道如何交往；他们有时一刻不停地搞破坏，一改以往乖巧听话的样子。面对这些变化，家长需要及时关注和耐心引导，通过和宝宝进行高质量的互动，促进宝宝身体的正常发育，帮助宝宝形成良好的个性，养成良好的行为习惯，顺利完成这一月龄段的成长和发展。

（一）动作方面

在粗大动作方面，13个月的宝宝已经可以开始扶物行走，可以为宝宝提供扶椅、扶桌的机会，也可以让宝宝扶着墙边、沙发边慢慢走。家长可以创设一个有意义的环境，发挥创意，和宝宝一起玩一些锻炼宝宝运动能力的游戏，及时鼓励宝宝，让宝宝在感受走路快乐的同时增进亲子之间的感情。宝宝还会在重复性的动作中体验快乐，所以可以提供能扔出去再捡回来的小球、娃娃，或者在行走中可以推拉的小玩具、摇木马等。

在精细动作方面，这一阶段宝宝的精细动作不易控制，可以有目的地给宝宝选择一些能够锻炼手部精细肌肉的玩具，锻炼宝宝的手指，使它们更加灵巧。例如，可以为宝宝提供能旋转和拧紧的螺丝玩具，能按压的玩具电子琴、玩具电话，可填充的插孔玩具等，让宝宝更好地探索物品。此外，生活中的常见物品，如瓶盖、衣服的拉链、扣子等，还有玩沙、玩水过程中使用的轻便的塑料铲子、靶子、小水桶等，也不失为很好的练习精细动作的选择。笔头较粗的彩笔、绘画使用的蜡笔等工具可以为宝宝顺利进入涂鸦期做好准备。

▲ 宝宝搭积木

爸爸妈妈需要注意的是，在发展宝宝运动智能的时候，安全一定是第一位的，爸爸妈妈要注意保护宝宝的安全。为了使宝宝能够在家自由活动，避免宝宝因为接触到家中危险的东西而受到意外伤害，家长要有意识地将玻璃、小刀等存在危险的东西收好，代替放置一些橡胶、塑料、布料材质的不怕摔的物品，把它们放在宝宝可以通过攀爬、行走等形式到达的沙发靠背、房间角落等安全的位置，让宝宝在家里随心所欲地探索。同时，宝宝的身体还没有发育完全，不要让宝宝过度劳累。

拉手上下台阶

活动目标

1. 训练宝宝的腿部力量，锻炼宝宝身体的平衡性。
2. 增加宝宝与家长之间的互动，建立宝宝与家长之间的信任感，增进亲子间的情感交流。

前期准备

确保宝宝能够独立行走。

互动要点

1. 家长在宝宝身前，拉着宝宝的手学习上台阶，让宝宝一只脚踏上台阶，另一只脚跟上踏在台阶上，待身体平衡后再上另一级台阶。

2. 宝宝逐渐熟悉动作后，家长逐渐松开自己的手，让宝宝自己扶好楼梯扶手，练习主动抬起一条腿迈上台阶，再收起另一条腿，慢慢向上迈步。

3. 待宝宝熟练了上楼梯后，再训练宝宝下楼梯，家长不可操之过急。

4. 训练宝宝下楼梯时，先让宝宝伸腿将一只脚向下踏在台阶上，另一只脚也踏在同一台阶上，待宝宝站稳后，再下另一个台阶。

5. 下台阶时动作要慢，让宝宝看清脚下，家长可在旁边鼓励宝宝，减少宝宝的紧张情绪。

温馨提示

1. 台阶的高度在10—12厘米为宜，不可过高。
2. 宝宝在学习上楼梯时，家长必须在宝宝旁边，保护宝宝的安全。
3. 宝宝往往对上楼梯比较积极主动，对下楼梯有些害怕，这时，家长不可催促宝宝，更不可训斥宝宝。

亲子小游戏

串珠子

活动目标	1.训练宝宝的手眼协调能力，锻炼宝宝双手的灵活性和准确性，帮助宝宝建立对空间和距离的认识。 2.教会宝宝分辨大小和认识3种以上的颜色。 3.培养宝宝的耐心和做事情的专注力。
前期准备	一根粗线绳或塑料绳；几种不同大小和颜色的有洞眼的东西，如套环、算盘珠子、扣子等。
互动要点	1.让宝宝观察妈妈在串珠时手部的动作，妈妈示范用粗线绳或塑料绳穿过大的套环或算盘珠子，将套环或算盘珠子挂在粗线绳或塑料绳上，让宝宝模仿着做。 2.提醒宝宝用一只小手的拇指和食指捏住粗线绳或塑料绳，用另一只小手的拇指捏住算盘珠子，然后捏住绳的手主动向算盘珠子的洞眼穿过。 3.让宝宝依次练习将同一大小或同一颜色的算盘珠子串起来。 4.等宝宝动作熟练后，逐步增加难度，让宝宝逐渐用更细一点的绳子练习串较小的珠子。
温馨提示	1.每当宝宝串珠成功时，家长要给予宝宝及时的表扬。 2.宝宝串珠时，要有家长的监护，不要让宝宝将套环、算盘珠子、扣子等放进嘴里，谨防宝宝吞食。 3.防止宝宝玩弄粗线绳和塑料绳，防止缠结颈部造成窒息伤害。

2

（二）认知方面

在培养宝宝的好奇心、想象力方面，可以丰富宝宝的生活环境和游戏环境，为宝宝提供形象生动、色彩鲜艳、高质量的玩具和图画书等，满足宝宝的探索和想象需要。玩具不要过多，而是要少而精。太多的玩具不仅会让宝宝眼花缭乱，分散宝宝的注意力，还会让宝宝丧失玩玩具的兴趣。

宝宝靠摆弄实物来认识世界，家长要给宝宝主动提供动手的机会和工具，当成人扫地、擦桌子时，家长可以给宝宝提供其感兴趣的、能操作的小工具，让宝宝有模有样地进行操作，培养宝宝对事物的感知能力。爸爸妈妈要遵循宝宝记忆力不断提升的特点，不仅要帮其认识周围的物品，还要认识周边的人。比如，可以通过将照片和真实情境中的亲人进行对应来认识自己的家人。家长要认真观察宝宝喜欢和讨厌的人、事物，增进对宝宝独特气质的了解。

▲ 看照片，认识自己的家人

在空间能力的培养上，可以为宝宝提供不同大小和形状的积木、模型插孔玩具，让宝宝进行对应，培养对不同大小和图形的初步感知。也可以为宝宝提供规则的几何图形、不规则的简单图形（如苹果、花朵等）的拼图，培养知觉恒常性。随着身体动作的稳步发展，宝宝探索周围世界的想法也更加强烈，可以用各种有趣的方式带宝宝认识位置、方向、远近等关于客观事物的概念。

在这些过程中，宝宝可能会犯一些小小的错误，但这是宝宝在用尝试错误的方法尝试解决问题，这对于宝宝来说也意味着更多的可能性。因此，爸爸妈妈可以客观地看待这一现象，把错误当作宝宝成长的良好契机，和宝宝一步一个脚印地向前进。

原来这就是我

活动目标

1. 让宝宝学会照镜子，提高宝宝的自我认知能力。

2. 满足宝宝的好奇心，让宝宝通过照镜子学会识别面部的不同器官。

3. 增加亲子互动的机会，提高宝宝与家长之间的亲密度。

前期准备

一面镜子。

互动要点

1. 家长先给宝宝洗漱后，给宝宝穿上一件宝宝喜欢的漂亮的衣服，将宝宝抱到镜子前，让宝宝观察镜子里的人物。

2. 家长让宝宝指一指："哪个是妈妈？哪个是宝宝？"

3. 妈妈告诉宝宝："镜子里的大人是妈妈，镜子里的小朋友是宝宝。"

4. 让宝宝在镜子前做出不同的动作和表情，如：微笑、招手等。

5. 让宝宝面对镜子寻找自己的鼻子和嘴巴，并指出自己的鼻子和嘴巴。

6. 家长告诉宝宝："这是宝宝的嘴巴，是用来说话和吃东西的。""这是宝宝的鼻子，用来呼吸的。""这是宝宝的眼睛，是用来看东西的。"让宝宝对自我形象有一定的意识。

温馨提示

1. 选择镜子时要注意镜子不要失真。

2. 照镜子时需要注意保护宝宝，不要让镜子摔到地上，划伤宝宝。

	开轮船
活动目标	1. 发展宝宝的想象力以及动作协调能力。 2. 提高宝宝与家长之间的互动频率和亲密度，体验游戏的乐趣。
前期准备	无。
互动要点	1. 爸爸做舵手，孩子做船舱，爸爸告诉孩子："轮船就要出发啦，请旅客同志上船。呜……"爸爸摇动双臂，在一个较为空旷的地方向前跑，让孩子紧紧跟在身后，同时发出"呜呜……"的声音。 2. 跑一段路后，爸爸说："轮船靠岸了，请旅客同志下船。" 3. 爸爸问宝宝："轮船又要开了，宝宝想来当舵手吗？"和宝宝互换角色来玩。
温馨提示	1. 可以邀请家人一起来参与这个游戏。 2. 注意游戏时的安全，不要发生冲撞。

2

（三）语言方面

为了使宝宝早日开口说话，需要为宝宝创造开口说话的机会。如果家长过于敏感，在宝宝表达自己之前抢着满足了孩子的愿望，实质上是不让宝宝说话。同时，也不可撒手不管，沉默寡言，或者采用催逼式的滔滔不绝。在关键时刻，要及时地"停下"，耐心地引导孩子慢慢学着说出关键的词汇，及时地鼓励宝宝。

此外，还要创造丰富的语言环境，多和宝宝说话，对宝宝多使用简洁、短小却丰富多彩的句子，比如："宝宝，看，妈妈这里有一个球，蓝色的皮球，接住它！"还可以在家中提供丰富多样的图画书、故事书，帮助宝宝通过文学语言认识和体验大千世界。

13 个月左右，宝宝开始说出可辨识的单词，这是真正意义上的标准化语言。此时，家长可以引导宝宝学习称呼爸爸妈妈、称呼身边的重要他人，用单词句表达自己的需求，还可以在看图片、讲故事的过程中，通过"指、认"的活动和各种各样的问题，帮助宝宝初步建立实物或图片与词语之间的联系。

▲ 亲子阅读

18 个月左右，宝宝已经可以将几个单词联合起来使用，准备进入电报句阶段，虽然说的简短句子还不够完整，但是爸爸妈妈一定要鼓励宝宝多说，也要和宝宝多多说话，并鼓励他们模仿自己语言中常用的词语和短句。

认识小动物

活动目标

1. 丰富宝宝的词汇，帮助宝宝积累语言表达的经验。
2. 锻炼宝宝听觉的准确度，让宝宝学会根据听到的声音模仿动物发音。
3. 增加宝宝与家长之间的互动，提高宝宝与家长之间的亲密度。

前期准备

关于动物的图画书、动物玩具和动物图片。

互动要点

1. 家长先给宝宝讲一些关于动物的故事，让宝宝认识不同的动物，并对不同动物的特征有初步的了解。
2. 家长拿出一些动物的玩具或图片，并且主动模仿一些小动物的声音，如"汪汪""喵喵"。
3. 让宝宝说出动物的名字，并让宝宝通过模仿家长的发音来模仿动物的叫声。
4. 逐步扩大练习的范围，给宝宝更多开口发声的机会。

温馨提示

1. 家长要为宝宝做出正确的榜样，提供正确的、标准的发音。

2. 宝宝模仿动物发音时，家长要有意识、耐心地教宝宝发音。

3. 家长要及时注意并矫正宝宝的错误发音，不可操之过急，更不能催促和训斥宝宝，以免挫伤宝宝的自信心和积极性。

说说你的名字

活动目标

1. 丰富宝宝的词汇，帮助宝宝积累语言表达的经验。

2. 让宝宝知道自己的名字，巩固宝宝的自我意识。

3. 对宝宝进行节奏训练，使其掌握音韵的节奏。

4. 通过爸爸妈妈与宝宝之间的提问与回答，提高宝宝的语言表达能力。

2

前期准备

一段节奏欢快的音乐。

互动要点

1. 爸爸妈妈有节奏地跟着音乐拍手，让宝宝感受音乐的节奏。

2. 引导宝宝跟着爸爸妈妈有节奏地拍手。

3. 爸爸妈妈边拍手边说："宝贝，宝贝，我问你，你的名字叫什么？"

4. 宝宝要指着自己，按照爸爸妈妈的节奏回答："我的名字叫 XX，叫 XX。"给宝宝更多开口发言的机会。

温馨提示

1. 爸爸妈妈要为宝宝做出正确的榜样，提供正确的节奏示范。

2. 爸爸妈妈也可以问宝宝家里人的名字，注意一定要让宝宝根据音乐的节奏说，也可以配合着音乐说。

（四）情感与社会性方面

1 岁左右的孩子开始理解成人的情感和意志，产生交往行动。在亲子交往中，宝宝会有意识地叫"爸爸""妈妈"，以此来获取家长的注意。面对宝宝的需求，要及时、适当地回应，将自己看作宝宝探索周围世界的"安全基地"，与宝宝建立安全的亲子依恋关系，缓解分离焦虑的现象。

▲ 一起玩水

这个时期，宝宝的自我意识发展到退缩阶段，但是可以与同伴短时间地交往，家长可以带宝宝到社区、公园，让宝宝与其他孩子接触，创造同伴交往的契机，让宝宝和同伴以身体接触、互相对笑、说话、拿取玩具等方式互动，还可以试着引导宝宝通过社会性游戏进行交往。这一过程不仅可以促进宝宝同伴交往技能的提升，更可以培养宝宝的情绪识别、理解和表达能力，提高同伴交往的整体能力。

这个时期的宝宝对陌生人的态度有了变化，由之前的微笑、咿呀作语转变为开始紧张甚至哭泣，这是怕生的表现。爸爸妈妈要认识到这是一个自然的现象，要及时地关照、爱抚宝宝。

此外，这个时期宝宝的自我控制能力和规则意识都有了进一步的发展，可以引导孩子利用注意力转移的方法，培养宝宝的延迟满足能力。在不断的游戏和运动中，宝宝的独立意识也悄悄萌芽，开始明确认识到主体我的存在，这一时期正是独立性培养的关键时期。家长可以通过让宝宝充当小助手等方式，培养宝宝的独立性。轻松愉快的情绪对宝宝和家长都是非常重要的，这是形成良好发展倾向的基础，所以家长要尽量满足宝宝合理的需求，让宝宝保持积极的情绪，或者转移对消极情绪的注意力。

社会性发展小知识：宝宝发脾气了，我要如何应对 **???**

▲ 宝宝不高兴

　　其实1岁多的孩子已经开始有了自我意识和自尊，认识到自己是一个独立的个体，偶尔发发脾气、不听话是正常的。身体不舒服或者自己的要求得不到满足，这些都可能使宝宝通过发脾气的方式调节内心的不满和压抑。爸爸妈妈要寻找宝宝发脾气的原因，如果是宝宝疲倦了，则应该让他休息；如果是生病了，就要安慰他。

　　但是，如果是宝宝以此作为一种手段来满足别的不合理要求，则应该采取不理睬的方式，等他哭闹一阵子之后，自然而然就没事了。有一些家长，宝宝一发脾气就满足他的要求，久而久之，宝宝就意识到只要一发脾气就可以满足自己的任何需要，那么稍有不如意就会大发脾气。此外，有的家长比较急躁，在宝宝发脾气的时候怒言训斥，甚至打骂孩子，这不仅没有效果，反而会火上浇油。宝宝尚未意识到太多道理，因此在心理健康上会受到伤害。这类家长要在必要时调节自己的情绪。此外，转移注意力也是一个很好的选择，如果孩子为了玩脏了一个玩具而发脾气，那就给他一个新的玩具取而代之，或者开始一项有趣的活动，这样做的效果比简单禁止的效果好得多。

称呼陌生人	
活动目标	1. 帮助宝宝对不同身份的人有更多的认知。 2. 消除宝宝与陌生人接触的害怕和焦虑情绪。 3. 培养宝宝的观察能力。
前期准备	无。
互动要点	1. 家长带宝宝在小区散步,遇到老年人就告诉宝宝"这是爷爷"或者"这是奶奶";遇到中年人就告诉宝宝"这是阿姨"或者"这是叔叔"。 2. 教会宝宝识别不同年龄段的人的外部特征,告诉宝宝"爷爷和奶奶的头发是白色的"等。 3. 家长有意识地在人多的地方训练宝宝,主动提问宝宝:"宝宝,这是谁呀?宝宝叫他什么呀?"如果宝宝不知道,家长可以适度地提供外貌特征或用手比划,以此来启发宝宝。
温馨提示	当宝宝因为认生出现大哭大闹的情绪时,妈妈不要强迫宝宝,要安抚宝宝的情绪,给宝宝逐渐适应的时间。

三、13—18 个月婴儿的发展评价

当 18 个月的宝宝不能达到以下指标时,应引起家长的高度重视,必要时应及时向儿科医生或保健专家进行专业咨询。

宝宝 18 个月时的表现

1. 开始逐渐地控制大小便，主动告诉成人要大小便，少有尿湿裤子的现象发生。　　是 ○　　否 ○

2. 对穿衣过程感兴趣，在一定程度上能够独立脱衣服裤子。　　是 ○　　否 ○

3. 能自己站立、自如地向前走，会抬起一只脚做踢的动作，很少摔跤。　　是 ○　　否 ○

4. 跑步时能自己减慢速度，偶然扶人或扶物才能停止。　　是 ○　　否 ○

5. 走路时能通过推、拉等方式移动玩具。　　是 ○　　否 ○

6. 能从杯子中取出和放入小玩具，可以通过用手指捅、翻转手腕等方式探索物品。　　是 ○　　否 ○

7. 能玩简单的打击乐器械，如小鼓等。　　是 ○　　否 ○

8. 能使用蜡笔涂鸦或者做标记。　　是 ○　　否 ○

9. 开始进行假装游戏，例如把积木当作电话等。　　是 ○　　否 ○

10. 喜欢听儿歌、故事，阅读图书时，听成人的指令能指出书上相应的东西。　　是 ○　　否 ○

11. 能理解一些对话，可以说出自己的名字。　　是 ○　　否 ○

12. 会说 10 个以上的名词和 7—8 个动词。　　是 ○　　否 ○

13. 能认出镜子中的自己。　　是 ○　　否 ○

14. 会用语言来获取他人的注意，能有意识地叫"爸爸""妈妈"。　　是 ○　　否 ○

15. 能通过语言来表达自己的愿望。　　是 ○　　否 ○

16. 能短时间地和其他小朋友一起玩。　　是 ○　　否 ○

第七章
19—24个月婴儿的发展特点与家庭教养指导策略

一、动作发展

19—24个月的宝宝不论在粗大动作还是精细动作上，都有了突飞猛进的发展，他们已经能够完成从爬、站，到走、小跑的过程，活动范围不断扩大，手眼协调能力也得到了进一步的发展。

（一）粗大动作的发展

19—24个月的宝宝可以独立行走，能连续跑5—6米，扶栏杆能上下楼梯、上下床（离地面44厘米高以下）。这一阶段宝宝的身体协调性进一步增强，活动范围逐渐扩大，他们很少会赖在成人身边，不再局限于在床、沙发、地板、推车等范围内的摸爬滚打，而是已经将活动范围扩大到家里的各个角落、公园、游乐园等。

19—24个月的宝宝的模仿能力和观察能力也逐渐增强，爸爸、妈妈、爷爷、奶奶、陌生人的语言、动作、表情、态度都是宝宝观察和模仿的对象，宝宝可以通过模仿来学习说话、走、跑、攀爬，学习唱歌、游戏、数学和绘画，从而掌握各种本领，获得长足的发展。

宝宝爬楼梯

过早走路可能会出现的不良后果

宝宝走路的早晚究竟和什么有关呢？其实，大约在 7 个月的时候宝宝就进入了行走敏感期，宝宝最先会表现出强烈的行走意愿，拒绝坐着。大约一半的婴儿在 1 岁左右会学会走路，所以，宝宝在一定时间内学会走路都是正常的。

宝宝走路需要以下三个方面的协调配合：肌肉力量、平衡感和性格，而性格似乎是影响宝宝走路早晚的最大因素。性格温和的宝宝在取得阶段性进步的时候显得更小心翼翼，他们是坚定的爬行主义者。而走路较早的宝宝则更加活泼好动，还没等妈妈拿起相机记录下成长点滴，他们就已经迫不及待地越过了各个成长里程碑。同时，宝宝的体重也影响走路的早晚，较瘦的宝宝一般走路较早。

事实上，只要是在正常的时间范围内，不管宝宝什么时候学会走路，都与宝宝的智力和运动技能毫无关系。就像宝宝的个性一样，这些都是独一无二的。但是，过早学走路却会造成不良后果。

第一，过早走路会影响宝宝的腿型。这个时候宝宝的下肢、脊柱还处于发育阶段，此时走路容易因为承受不住身体的重量而形成 O 型或 X 型腿，脊柱也会发生变形。

第二，过早走路会导致宝宝扁平足，在足弓尚未较好形成的情况下练习走路，宝宝的全身重量压在足部，很容易使足弓压力过大而逐渐导致扁平足。

第三，过早走路会影响宝宝的身长发育，宝宝出生后的第一年，脊柱的增长快于四肢。若没到相应的月龄，就学坐、学站、学走路，可能影响脊柱的正常发育，影响其身长的增长。

第四，过早走路会影响宝宝的视力发育。宝宝出生后，视力发育尚不健全，过早学走路，宝宝看不清较远的景物，会努力调整眼睛的屈光度和焦距来注视景物，致使眼睛疲劳，反复则会损伤视力。

因此，爸爸妈妈可以多多关注宝宝连续性的发展，关注从抬头、翻身、爬、坐，到站、走等一系列的进步，尽量淡化中间的时间节点，注重宝宝自身的发展规律。

（二）精细动作的发展

19—24个月宝宝在精细动作方面也有了质的飞跃。通过对触觉和视觉的刺激，宝宝的手眼协调能力进一步发展，宝宝的大脑也进一步发育。19—24个月宝宝的手变得更加灵巧，这个时期的宝宝已经进入了手部敏感期，手指灵活性增强。通过手的操作，他们可以直接体验物体的各种属性，他们可以用手或者勺子独立吃饭，能旋动瓶盖，转动门的把手，垒2—3块积木，进行涂鸦，有的宝宝还可以独立进食、独立漱口、独立穿脱衣物了。

▲ 尝试垒高

精细动作的不断发展促使宝宝怀着更大的热情去尝试感兴趣的事物，也影响着宝宝自信心的发展。

二、认知发展

19—24个月的宝宝与外界进行沟通和理解世界的能力飞速地发展着，这个时期，宝宝的记忆力不断发展，感知觉能力不断加强，能够根据周围事物的形状、颜色、用途来分辨它们，数概念和秩序的敏感期开始萌芽，空间知觉也逐渐建立。

（一）知觉概念的逐步建立

19—24个月宝宝的感知觉能力发展较为迅速，宝宝对颜色、形状、大小、距离、时间等的知觉概念逐步建立起来。因此，宝宝的辨认能力更强了，能分辨一些颜色，能够分辨圆形、方形、三角形，能认出书中常见的物体，能够初步理解对应、所属

◀ 操作玩具

▲ 玩躲猫猫游戏

关系，比较不同物体的差别，而且对物体的大小也已经有比较清晰的意识。

24个月的宝宝"物体恒存"的概念也逐渐建立，即便某些物体不在宝宝眼前，他脑海中仍会浮现该物体的形象，部分宝宝也可以将主体和客体分化开，从以"自我为中心"转变为把自己看成是众多客体中的一个。因此，这个阶段的宝宝特别喜欢玩藏猫猫的游戏，即反复遮脸又露脸的游戏。

（二）记忆力不断发展，出现延迟模仿

19—24个月的宝宝记忆力也开始发展，他们能够记住一些日常用品的名称，记忆的时间也更长，能够记住几个星期以前的事。另外，19—24个月的宝宝常常会出现延迟模仿的现象，或许宝宝在看到什么或听到什么时并没有反应，可是过一段时间后，却会出现对先前所见语言或动作的模仿行为。宝宝的模仿是宝宝学习的一种重要方式，他们在模仿中尝试并学习经验。延迟模仿是回忆的一种明显表现，延迟的时间最长可达几个月。

（三）好奇心和探索世界的欲望不断增强

19—24个月的宝宝好奇心逐渐增强，当宝宝发现自己的某个行为引起的反应十分有趣时，会重复该行为，并在重复中做出一些改变。如：当宝宝把毯子的玩具拿来，发现拽动毯子的一角可以拖动玩具靠近自己时，宝宝就会尝试通过拽动毯子来获得玩具。这是宝宝智慧动作发展的进步，同时也反映出宝宝好奇心的发展和探索世界的强烈欲望。

▲ 拼图

（四）数概念开始萌芽

19—24个月的宝宝正处于数量感知的萌发阶段，宝宝已具有关于数量的模糊概念，他们会逐渐建立对大小、多少的笼统感知，如有些19—24个月的宝宝

还不太会讲话，但知道哪个大哪个小，知道一堆糖果比一粒糖果多，会伸手去抓数量多的糖果或大的苹果。此外，虽然 19—24 个月的宝宝能够明白一些数词，但此阶段的宝宝还不会认数和点数，个别宝宝能够手口协调念数字，但范围一般不超过 1—5，并且往往分不清它们的先后顺序，因而常出现跳数、乱数的现象，以及返回重数的情况。

（五）秩序感开始萌芽，并逐渐发展

19—24 个月宝宝的秩序感开始萌芽，在 24 个月的时候，宝宝处于秩序敏感期的巅峰。这个时期的宝宝会对自己周围的人、事、物形成一种固定的思维模式，比如对周围人物的面貌、事情发生的前后顺序以及家中物品的摆放位置等敏感，或者有的宝宝对空间顺序敏感，要求玩具按顺序摆放，积木按特定方式拼搭，又或者有的宝宝对时间顺序敏感，要先穿这只鞋，再穿那只鞋，要先喝牛奶，再吃鸡蛋。秩

穿鞋

序感意味着宝宝在进行思考和逻辑推理，良好秩序感的发展有助于宝宝今后思维形式（对比、分类、序列）和道德规则的发展。

三、语言发展

19—24 个月的宝宝已经进入了双词句阶段，掌握新词的速度不断加快，进入"词汇爆炸"阶段，已经开始能够连词成句，并且出现了"一词多义"的现象。

（一）理解的词汇和种类逐渐增多，掌握新词的速度增快

19—24 个月宝宝的语汇量明显增加，可以说出一些较长的词语，新的词汇量不断增加，对名词和动词的理解也有了一个质的飞跃，并可以将词语连接成较长的句子，如"妈妈的宝宝""宝宝的饭饭""宝宝的饼饼没了"等。但宝宝对词义很难达到理解的水平，积累的词语也有限，仅限于日常用语的

范围。

此外，随着宝宝年龄的不断增大，19—24 个月的宝宝掌握新词的速度也不断增快，这个时期的宝宝以每个月平均说出 25 个新单词的速度逐渐增加掌握的词汇，24 个月的宝宝大约能掌握 300 个左右的词，这种掌握新词速度猛然加快的阶段被称为"词汇爆发"阶段。

（二）进入双词句或电报句阶段

19—24 个月的宝宝已经进入了双词句阶段，开始时宝宝会把两个单词连接起来说，中间还有停顿，如："妈妈。饭饭。"在语言表达能力上，19—24 个月的宝宝不但可以听懂一些简单的指令，而且能够说出一些简单的句子来表达自己的内心想法。19—24 个月的宝宝会说由 3—5 个字组成的句子，非常简练，就像成人打电报时的语言，如类似"宝宝觉觉""妈妈班班"，还有"奶奶抱抱"等，并能与家长进行简单的交流。

（三）语言理解能力不断提高，出现"一词多义"的现象

▲ 宝宝一边吃饭，一边学说"吃饭"

19—24 个月宝宝的语言理解能力也进一步发展，此时的宝宝进入了真正理解词语的阶段，他们能够听懂大部分和日常生活有关的语句，能够按照成人语言的指示去支配和调节自己的行为，并且能够用简单的词语表达内心的想法，常常赋予句子更多的意义，出现"一词多义"的现象，如宝宝说"妈妈饭饭"，既可以表达"饭是妈妈的"，也可以表示"妈妈在吃饭"。另外，相对于前一阶段而言，此阶段宝宝的发音也更加清晰和准确。

19 个月的宝宝为什么总是口吃

宝宝现在 19 个月了，说话一直挺好，两个字的词语能够说好多了，一般情况下只要成人说基本能跟着学，最近三个字的也能说一些。可是最近几天，宝宝说话突然变结巴了，像"西瓜"会说成"西西西西瓜"，常常重复某个字词或是说话前要犹豫一段时间，之前说得很好的一些词也说不好了。作为家长，我们很着急，宝宝的这种情况是口吃吗？我们要如何帮助宝宝？需要带宝宝看医生吗？

对于 19—24 个月的宝宝来说，出现说话时重复某个字词、音调的情况，又或者说话前犹豫一段时间的情况都是很常见的现象，爸爸妈妈不必太过担心。18 个月的宝宝由于词汇量少，常常因为表达跟不上思维而出现口吃的现象，随着宝宝年龄的增长和语言能力的提升，这种现象会慢慢消失。

口吃在宝宝和成人身上有着明显的不同，此阶段的宝宝正处于语言发展的迅速阶段，由于他们还不能迅速地选择适当的词汇，有时就会出现语言不连贯、口齿不流利的现象，这时的口吃只是一种现象，并不属于病理范畴。当宝宝出现发音不准或者咬字不清时，家长过于关注、急于纠正，反而会给宝宝造成心理负担，从而导致口吃的发生。

在这种情况下，家长首先要了解宝宝出现口吃现象的原因，观察宝宝是否因为出于好奇而模仿周围说话人的声调、姿势和语句等；另外，家长要注意观察宝宝是否由于受惊吓、被严厉斥责、受到惩罚、被嘲笑或环境突然发生变化而引起恐惧、焦虑的情绪，导致出现暂时性的口吃。另外，宝宝口吃现象的发生与宝宝的性格也密切相关，性格内向的宝宝学习说话时，若稍有口吃就遭到周围人有意和无意的讥笑，就容易产生羞涩、自卑和紧张的情绪，造成很大的心理压力，从而更容易口吃；性格急躁的宝宝常常说话不经考虑，在着急的情况下也容易发生口吃。

当宝宝出现口吃的现象时，家长首先要消除宝宝心理的紧张因素，耐心地引导宝宝慢慢说，不要大声训斥和嘲笑宝宝，要想办法减少宝宝的心理压力，增强宝宝战胜口吃的信心。其次要加强对宝宝的语言训练，教给宝宝发音吐字的方法，引导宝宝在发好第一个字音的基础上，通过念唱儿歌、诵读故事、讲述故事等语言形式进行训练。配合强化的方法，通过家庭对话的方式，多给宝宝提供练习的机会，及时给予宝宝鼓励和肯定，使宝宝逐渐增强自信心。

四、情感与社会性发展

随着宝宝心智和社会认知的不断发展，19—24个月宝宝的情绪开始从生理性需求的满足转变为受周围环境的影响，部分宝宝进入了"第一反抗期"，情绪种类更加多样，陌生人焦虑和分离焦虑仍然存在，所以在此阶段建立与亲密照料者的安全依恋关系显得尤为重要。

（一）情绪的种类更加丰富，情绪表达更加强烈

19—24个月的宝宝开始学会表达自己的喜怒哀乐，情绪更加强烈，同时伴有占有欲、同理心、羞耻感的出现。这时，宝宝的自我中心意识开始萌芽，他们喜欢和家长唱反调，经常会将"不""不行""不要"等词语挂在嘴边，即使知道这样做家长会不高兴，但是宝宝还是会一再继续某件自己认定的事情。这个时候爸爸妈妈可能会很无奈，宝宝执拗，不听解释，有的爸爸妈妈会觉得宝宝太不听话了，很容易出现管教与对抗的场面。其实，24个月的宝宝已经进入了"第一反抗期"，这一现象的出现往往是由于宝宝的意愿和成人的想法发生冲突造成的。这

▲ 一起玩游戏

种"反抗"，是宝宝在进行"表达自我"的操作和练习。此外，19—24个月的宝宝的物权意识也逐渐强化，对自己的物品表现出强烈的占有欲和保护欲。

（二）情绪逐步与社会性需要相联系

12个月以前，宝宝的情绪主要与生理的需要密切相关，如饥饿、冷、痛等，19—24个月的宝宝情绪反应除了受生理需要的影响外，还受社会需要的影响，如活动的需要、交往的需要等。虽然宝宝逐渐萌发出社会交往的意识，具备了独自玩耍的能力，但是和同伴一起玩耍时，宝宝表现出的态度和行为并不是那么友好，会出现一定程度上的抗拒。

（三）"预测性害怕"现象开始出现

随着宝宝想象力、预测和推测能力的发展，19—24个月的宝宝常常会出现对不同事物的一定程度的害怕，如害怕黑暗、害怕小动物等。此外，随着宝宝年龄的增长，外界给宝宝的压力也会让宝宝感到害怕，宝宝害怕的对象会由与个人安全有关的因素转移到与社会关系有关的因素，如对他人的嘲笑和他人的忽视感到害怕等。因此，爸爸妈妈要给宝宝充足的安全感。

心理小链接

为什么宝宝的情绪总是不稳定

随着宝宝大脑的发育和自我意识的萌芽，宝宝的情绪也越来越丰富。当遇到不愿意做的事情时，有些宝宝就会赖在地上，大发脾气。而每次遇到宝宝发脾气，家长总是束手无策。

不少家长一时间还没有跟上宝宝的变化，依旧把宝宝当作一个时时处处需要成人照看、保护的婴儿，经常使用"不行，不能爬""不行，别碰那个"等指向性的话语来限制宝宝，常常导致宝宝的情绪愈加激动和强烈。因此，弄清宝宝情绪背后的原因才是解决问题的关键，或许宝宝是在向爸爸妈妈表达自己的感受。

·表达自己生理性的需求。

当宝宝情绪不稳定时，或许在向爸爸妈妈表达"我饿啦，我渴啦，我拉粑粑啦，我太热啦，我太冷啦"等生理需求，在一段有节奏的哭声后，有一个简短的沉默，然后可能会发出短暂的音调高过哭声的类似口哨声的声音，然后休息一下，之后再开始下一轮哭泣。

·表达自己负面的情绪。

▲ 安慰宝宝

当宝宝吸进大量的空气，震动声带发出特别大声的哭泣声时，爸爸妈妈要考虑到是否宝宝在表达自己的生气、不高兴或者愤怒。这时候爸爸妈妈需要先分辨下宝宝为什么会生气，有人拿走了他的玩具？周围太吵了？没人逗他玩？有人凶他？把他弄得不舒服了？这时妈妈要耐心地分析宝宝的想法。当宝宝情绪激烈时，妈妈可以通过其他事情转移宝宝的注意力，给宝宝一个拥抱，轻拍和抚摸宝宝的后背，亲亲宝宝，温柔地对他说："宝宝难过了，对吗，妈妈知道了，妈妈爱你。"这是对宝宝最好的安慰。等宝宝情绪平稳了，妈妈再耐心地告诉宝宝为什么不能这么做，不能不回应、不处理，否则当宝宝再次遇到同样的事情时，还会出现类似的现象。

·表达自己的恐惧。

当宝宝通过面部表情和肢体动作透露出他在害怕时，移走让宝宝恐惧的源头是最直接的方法，这个时候爸爸妈妈可以通过肢体、表情和声音树立一个温和、平静的家长榜样，并告诉宝宝"你是安全的，爸爸妈妈会永远保护你的，不要害怕"，以此来稳定宝宝的情绪。

一、19—24 个月婴儿的养育建议

（一）19—24 个月婴儿的生长保健

19—24 个月间，宝宝会持续长高，但是长高的速度稍微放缓。到 2 岁时，男婴的身长范围可达 78.3—99.5 厘米，体重范围为 9.06—17.54 千克，头围范围为 44.6—52.5 厘米。女婴的身长范围为 77.3—98.0 厘米，体重范围为 8.70—16.77 千克，头围范围为 43.6—51.4 厘米。

2 周岁时，宝宝基本会长出 16 颗乳牙。脑重量增加，神经细胞增大，神经纤维的生理功能迅速完善，神经系统基本上适应了外界环境。

随着宝宝活动的增加，身体中囤积的脂肪会不断减少，身形因此变得更为苗条。通常父母身材较为高大的宝宝，其身材也会较同龄宝宝更加高大。

需要家长注意的是，绝大多数宝宝的囟门在 21 个月左右已经完全闭合，如果宝宝前囟门还没有闭合，头围也比较大，这就需要及时寻求医生的诊断。

（二）喂养保健

1 岁半到 2 岁期间，宝宝的乳牙正在慢慢长出，消化功能也不断完备，骨骼、神经、脑、肌肉、血液以及身体各个器官都在迅速发育生长，需要消耗大量的营养。因此要根据宝宝的生理特点和营养需求为他们提供适宜的食物，保证获得均衡营养。这一阶段是宝宝大脑发育的关键时期，家长要为宝宝提供富含蛋白质、糖类、锌、铜等对大脑发育有益的食物，保证脑发育必需的营养供给，不仅要让宝宝的体格健壮，智力也要得到良好的发展。宜多吃蔬菜、水果，但水果不能代替蔬菜，蔬菜中含有大量的维生素和矿物质，是宝宝生长发育不可缺少的。宝宝每天应进食蔬菜、水果各 50—150 克，且适量补充动植物蛋白，每天应吃肉类 50—75 克、鸡蛋 25—50 克。24 月龄时的宝宝应能比较熟练地用小勺自主进食，少有散落。

水果泥和水果汁哪个更适合作为宝宝的辅食

来自家长的困惑

成成的妈妈看了很多育儿类知识，都说可以给宝宝制作水果泥，可是许多水果都不适合刮成水果泥食用，总吃容易刮泥的香蕉、苹果，宝宝不仅会吃腻，还可能导致补充的营养成分过于单一。那么，是不是可以把水果榨成果汁给宝宝喝呢？这样宝宝既喜欢喝，又能吃到各种各样的水果。

专家解答

家长通常认为自制的果汁是一种健康又受宝宝欢迎的吃水果方式，其实并非如此。当把水果榨成果汁时，完整水果中的内源性糖就会变为和可乐中一样的游离糖。内源性糖由植物细胞壁包裹，消化起来比较缓慢，进入血流所需的时间比游离糖长，因此内源性糖远比游离糖健康得多。

▲ 多喝白开水

此外，水果在榨果汁的过程中，榨汁机打浆时刀刃高速旋转，会发生氧化。水果里的抗氧化物质和维生素C损失很大，水果中有益的纤维也会丢失，而糖分却被充分释放。因此，宝宝喝的果汁流失了许多水果中蕴含的营养，还很容易摄入过量糖分。一个苹果最多榨三分之一或半杯果汁，也就是说宝宝喝1杯果汁，就等于摄入了2—3个苹果的糖分。每天喝1杯以上果汁，会增加孩子成年后患肥胖和糖尿病的风险。

从营养角度，给宝宝吃果泥，或者吃小块的水果，要比喝果汁更有营养。而从饮品的角度，白开水是唯一推荐的饮品，如果经常给宝宝喝果汁，不仅容易造成蛀牙，而且习惯了甜的口味，宝宝就不爱喝白开水了。

参考文献：2015版《成人和儿童糖摄入量指南》

1 岁半到 2 岁时宝宝的胃容量有限，宜少食多餐，最好分为三餐及下午点心，三餐一点的热量分配大致为：早餐 30%，午餐 35%，下午点心 10%，晚餐 25%。但是添加点心时要注意适量，时间也不要距离正餐太近，以免影响宝宝正餐的食欲。尽量不要过多地给宝宝吃零食，否则会影响正常吃饭，时间长了容易造成营养失衡。

宝宝是不是得了"厌食症"

王女士的宝宝到了吃饭的点，总是盯着电视机一动不动，有时吃两口就不吃了，家人追着宝宝满屋子跑着喂饭，但宝宝还是不领情，挑三拣四的，什么也不肯吃。王女士很头疼，怀疑宝宝是不是得了"厌食症"？

事实上，很多家长都有过类似的经历，但大多数情况下，宝宝并不是真的得了"厌食症"，非病理性的因素要远远多于病理性的因素。

第一种原因可能是宝宝还不饿。如果宝宝在两餐之间摄入了过多果汁、饼干等零食，零食带来的饱腹感会让他们不觉得饿。同时，零食中过多的添加剂刺激着宝宝的味蕾，会让他们因为零食有更好的口感而不喜欢原汁原味的饭菜。宝宝虽然从零食中获得了和饭菜相同的热量，但缺乏营养和摄入过多的添加剂会引起宝宝的身体不适，从而转变成真正的"厌食症"。因此，家长在正餐前 1 小时内不宜给宝宝吃零食，并要保持规律的作息，保证两餐之间正常的间隔时间，让宝宝到了饭点自然而然地产生饥饿感。如果宝宝真的不饿，家长也可以让他少吃一餐，也许下一顿会吃得更香。如果错过饭点后宝宝在其他时间饿了，也不要给他零食，以免造成恶性循环。如果宝宝真的饿了，可以稍微提早用餐时间。

第二种原因可能是宝宝的情绪受到了影响。比如宝宝在进餐前受到了家长的批评或是出现闹情绪的情况，此时家长可以耐心和宝宝进行沟通，了解宝宝情绪不佳的原因，解决宝宝的心理问题之后再劝其进餐。另外，不愉快的进餐体验也可能会影响宝宝的食欲。比如对于宝宝的挑食现象，家长会采取强迫的手段哄骗宝宝吃饭，或是宝宝有被鱼刺卡过的不好的记忆后变得不喜欢吃鱼了，这时家长如果继续强迫宝宝，就会强化不愉快的用餐体验，影响宝宝将来的用餐心情。如果宝宝不吃某种食物，可用另外一种营养成分相似的食物代替。家长应该尝试倾听和理解宝宝的内心需求，让宝宝在家长的爱与尊重下学会愉快进餐。

除了上述情况外，也可能是肠胃不适、嗓子发炎等病理性的因素。另外宝宝受遗传、环境、活动量等因素影响，食欲和影响宝宝吃饭需求的因素也存在差异。比如夏季天气闷热，机体的调节作用以及宝宝的睡眠欠佳都会影响胃肠道的活动，另外大量饮水也会导致胃液被冲淡而食欲大减。无论哪种情况导致宝宝的"厌食"，家长都不能为了让宝宝吃饭而产生过度的反应和过激的行为，比如打骂、威胁宝宝等，也不能让宝宝边吃边玩，这样不仅分散其注意力，还容易发生呛食等意外。

父母有义务帮助宝宝养成良好的进餐习惯，为宝宝准备一条干净的小手帕，供宝宝擦手擦嘴时使用，同时采取鼓励的方法对宝宝良好的进餐行为给予表扬。为增强宝宝的食欲，家长也可以变换花样准备宝宝餐，结合季节性和地方特色，注重色彩、营养和造型上的搭配。另外，注意不要因为宝宝喜欢某种食物就重复做给他吃，这样也会导致宝宝食欲下降和挑食。

营养不良和肥胖

·营养不良：

如今生活条件较好，但是因为喂养不当导致宝宝营养不良还是很常见的状况。2岁以下宝宝的体重低于正常体重标准的15%即为营养不良，具体表现为食欲减退、抑郁不安、消瘦、躯干及大腿内侧脂肪变薄、面色发黄。营养不良不仅会影响宝宝身体和大脑的发育，还可能同时发生抵抗力低、消化不良、腹泻和感染疾病等问题。而营养不良最好的治疗方法就是调整饮食结构，要注意要循序渐进地进行调整。

·肥胖：

有些父母或家里的祖辈对孩子过于宠爱，又不懂得营养搭配的重要性，认为什么营养好就应该给孩子吃什么，吃得越多长得越快。常常会导致宝宝营养过剩，成为肥胖儿。肥胖儿通常会因为身体太胖，活动费力，给心脏和呼吸都增加了负担，同时懒于活动和锻炼还会导致宝宝缺乏对环境的适应。所以肥胖儿的身体并不健康，还容易缺钙。

由此可见，家长在喂养宝宝时一定要注意营养调配，按宝宝成长的营养所需，尽量少提供高糖、高脂、高热量的食物，而代之以蛋白质含量丰富的瘦肉、豆制品等。鼓励宝宝参加各种体力活动、劳动，注意体育锻炼，多到室外活动，这样身体才能真正健壮。

（三）日常护理

自主性行为

1岁半左右宝宝开始出现自主性行为，想要自己吃饭、穿衣、如厕等。此时家长要给宝宝充分的自由，多给宝宝提供自己事情自己做的机会，如上下楼梯、吃饭、喝水、洗手、刷牙等都可以

▲ 自己吃饭

由他自己来，家长可以在旁陪伴，在必要的时候给予指导和帮助。

如自主穿脱衣物，宝宝1岁左右就在观察家长如何为自己穿脱衣物了，1.5—2岁时，他会开始练习观察所学的东西。刚开始宝宝只能练习脱帽子、袜子等简单衣物，慢慢地在穿衣服的时候会伸长胳膊，尝试着自己穿。此时，家长不要认为宝宝在添乱，而是要有意识地教导宝宝进行自我穿衣，在给宝宝穿脱衣物的时候，可以让宝宝跟着你一起说："我们来穿小袜子，穿完左脚，穿右脚。快快穿好小袜子，出门玩去了……"让宝宝听懂你说的内容，更让他记住穿脱衣物的顺序。

此外，家长要多给宝宝尝试自己穿脱衣物的机会。一开始宝宝自己穿脱衣物肯定没那么顺利，但家长要有耐心，反复教宝宝穿脱衣物的步骤。宝宝每完成一步都要给予引导和表扬，这样宝宝才能有信心学会自己做，进而逐渐具备自理的能力，健康聪明地成长。

卫生习惯

1岁半开始，家长可以鼓励宝宝自己洗手，让宝宝明白在饭前便后，一定要养成洗手的习惯。此时宝宝比较好动爱玩，经常会洗着洗着便玩起水来，家长一定不要因此责骂他，而是要让宝宝明白洗手并不是玩水。

家长可以和宝宝一起洗手，为宝宝示范正确的洗手方法，并用语言提醒宝宝不仅是手掌，指甲和指尖也要仔细清洗，让宝宝学会洗前卷袖口，洗时不溅水，洗后擦干手。

家长可以在宝宝自己主动洗手后奖励或表扬他，或为宝宝准备专用的一条可爱毛巾，吸引宝宝养成洗手的好习惯。

护肤用品

宝宝的肌肤比较脆弱，而且肌肤的屏障功能发育得还不太完善，角质层很薄，皮脂也比较少，无法有效阻止细菌和其他有害物质的侵入，也无法形成有效的保护层阻止水分的流失。因此，家长要针对宝宝的肤质挑选适宜的护肤用品，既要呵护宝宝的肌肤，又要保证安全性与低刺激性。

宝宝使用的护肤品一般都要求含水量高，因此涂在皮肤的感觉会比成人的护肤品更稀薄，家长要为宝宝选择容易抹开且不黏腻的护肤用品，不然会堵塞宝宝皮肤的毛孔。

在为宝宝清洁和涂抹护肤用品时，家长要注意不要太用力，因为宝宝肌肤的厚度只有成人的三分之一左右，且角质层还未发育成熟。如果宝宝的皮肤出现破损或者过敏的现象，要停止使用护肤用品。

最后，记得不要频繁地更换宝宝的护肤用品。宝宝的皮肤是非常敏感的，频繁地更换护肤品对于宝宝的肌肤有害无利。因此，家长要为宝宝谨慎选择护肤品，切勿频繁更换。

（四）疾病预防与护理

1岁半到2岁时，宝宝正处于生长发育最旺盛的时期。然而此时宝宝免疫力还比较低，家长需要注意流感等常见疾病问题。此外，为了保证宝宝发育正常，尽早发现疾病隐患，家长应在2岁时带宝宝到医院进行体检。

疫苗接种

19—24个月的宝宝必须接种的一类疫苗为：

24个月 乙脑减毒活疫苗—第一针。

龋齿

宝宝刚长出来的乳牙牙釉质尚未成熟，对酸性物质的抵抗力较弱，容易被蛀蚀。1岁半到2岁时，宝宝开始用乳牙咀嚼食物，牙齿的咬面凹凸不平，很容易堆积食物的残渣，因此容易患龋齿。家长至少每半年要带宝宝去口腔医院进行牙齿检查，一旦发现宝宝患上龋齿，要及时去医院填补上龋洞。

预防宝宝发生龋齿有以下几种方法：

第一，尽早进行口腔卫生保健。如一日三餐后及时刷牙，吃点心后可以喝点白开水，洗漱口中的食物残渣。

第二，给宝宝的牙齿局部涂氟。家长可每半年一次带宝宝至牙医处涂氟治疗。

第三，教会宝宝刷牙方法，家长可以选取一些关于刷牙的绘本或者动画片，陪宝宝一起阅读或者观看，并给宝宝讲解刷牙的知识和重要性。爸爸妈妈可以每天选取固定时间和宝宝一起刷牙，既可以增进亲子感情，又可以提高宝宝的刷牙兴趣，培养宝宝爱刷牙的良好习惯。

第四，减少吃糖的频率。在宝宝学会刷牙之前，家长最好不要给孩子吃糖类的零食。学会刷牙后，吃完糖后要及时刷牙或者漱口。

呕吐

宝宝呕吐是一种常见的病症，如果只是单纯的呕吐，把吃进去过多的食物或让宝宝感到不适的食物吐出来，其实是机体的一种自我保护功能。因此，宝宝出现呕吐的状况时，家长不要惊慌失措，先初步观察并判断一下宝宝是何种原因的呕吐，再进行相应的处理。如果宝宝呕吐严重，或者伴随其他病症出现，那么宝宝的呕吐就可能是某种严重疾病的征兆，要及时看医生。

引起宝宝呕吐的原因有很多种，如长时间的哭泣或咳嗽可能引起宝宝呕吐，这种情况通常并不会对宝宝造成伤害，家长只需帮助孩子清理干净即可。呼吸道感染也可能引起呕吐，因为宝宝容易因鼻腔被鼻涕堵塞而产生恶心的感觉。此时家长要用吸鼻器清除宝宝的鼻涕，尽量不要让宝宝鼻腔里积存黏液。宝宝也可能在玩耍时不慎吞下了某些药物、有毒的植物、草药或化学物质，因食物中毒引发呕吐。发生这种情况时，家长应该立刻带宝宝去医院，同时带上可疑食物或药物、药瓶等，并告知医生，以便医生能够及时确定有毒物的性质，对宝宝给予正确的处理。

最常引起呕吐的原因是胃炎、肠炎，家长要让宝宝多喝淡盐水，注意宝宝大便的情况和性状，及时就医。如果宝宝呕吐情况比较轻，可给他吃一些容易消化的流质饮食，少量多次进食；如果宝宝呕吐情况比较严重则应当暂时禁食。呕吐时让宝宝取侧卧位，或者头低下，以防止呕吐物吸入气管。

伤口护理

1岁半到2岁的宝宝刚会走路不久，总是喜欢到处乱跑，跌跌撞撞，容易摔倒，有时候难免摔伤，家长要掌握正确的伤口处理方法。

如果宝宝不小心摔伤或者擦伤，家长应洗手后检查宝宝的伤口，如果伤口流血，可以用干净的绷带或者毛巾按压伤口直到止血。如果伤口中有泥土、玻璃或其他异物，可以用自来水冲洗或者用镊子夹取出来，然后用肥皂和温水清洗干净伤口，小心地晾干。最后用创可贴或者无菌纱布包扎即可，亦可遵医嘱为宝宝涂一些药膏。注意不要用酒精、双氧水等擦拭，不仅会令宝宝疼痛，也不利于伤口愈合。

如果宝宝不小心割破皮肤，家长可以利用创可贴将伤口两侧的皮肤收拢在一起，但是注意创可贴不要绑太紧，以免阻碍血液循环。

如果家长对宝宝的伤口进行处理后仍然出现红肿、化脓等发炎的迹象，应该带宝宝去医院请医生进行专业处理。此外，如果宝宝被动物抓伤咬伤或者受较深的刺伤，家长也要及时带宝宝就医，注射狂犬疫苗或检查注射过的破伤风疫苗是否还发挥作用。

耳内异物

若宝宝的耳内掉入异物，家长可用耳镊将其轻轻夹出，夹时要固定住宝宝的头部，以免碰伤皮肤或鼓膜；若是昆虫进入宝宝的耳朵，可让耳内对着灯光，昆虫便会迎着亮处爬出；若是掉入用镊子取不出的植物种子，不可试图用水泡软再取出，而应及时去医院请医生处理。

（五）安全

19—24个月期间，家长不仅要关注前几个阶段中容易伤害到宝宝的安全隐患，随着宝宝身体与心理的发展，还会带来一些新的安全问题。

防坏人

1岁半到2岁期间，宝宝通常已经开始能够信任他人，尤其是安全感较强的宝宝更容易相信他人。这种信任感是不分对象的，他们不知道拿陌生人给的糖果，或者轻易跟陌生人走是很危险的事情，这对还没有自我保护能力的宝宝来说是一种严重的危机。因此家长应随时保持警惕，带宝宝外出时，尽量不要到人群过于拥挤或者过于偏僻的地方。1岁半到2岁的宝宝活泼好动，常常到处乱跑，家长要随时跟紧宝宝，不能让孩子离开自己的视线。此外，家长应注意不仅要对陌生人怀有警戒之心，同样不能对相识的人掉以轻心。

行车安全

随着宝宝逐渐长大，活动力增强，他们可能会开始手舞足蹈地拒绝坐在安全座椅上，但是家长要注意，千万不能因为宝宝的拒绝就选择迁就他，一旦发生意外，后果会不堪设想。家长首先应检查座椅的大小尺寸是否适合宝宝，如果没有问题，可以尝试给宝宝一些有趣的玩具或者喜欢的食物来分散他的注意力。此外，家长在开车前还应确认座椅的开关是宝宝无法自行打开的。

除了在车内需要注意保护好宝宝，在离开车之前也要记得不要把宝宝单独留在车内。如果是夏季，车内的空气温度是非常高的，太阳只晒 1 小时左右车内温度就会攀升至 50 度以上，这样很可能导致宝宝中暑甚至窒息；如果是冬天，温度下降得也很快，宝宝容易冻伤。宝宝对于外界环境的抵抗力比成人要差很多，车内无人时环境较为恶劣，很容易引发生命危险。

宠物

在家庭中养宠物是很常见的事，主要以猫和狗为主。因为宠物给人们的生活带来了乐趣和温暖。但宠物有时也会给人们带来伤害，甚至是生命的威胁。

以常见的宠物猫和狗为例。猫是弓型虫病的传播者，猫在患了弓型虫病后，唾液中会有弓型虫这种微小生物，并且可能不会表现出任何症状。同样，狗在患狂犬病后唾液中也已经有了狂犬病毒，且当时或很长时间内并不会发病。

宝宝通常都很喜欢宠物，喜欢和它们玩耍，但如果宝宝把宠物逗急了，宠物便极有可能抓伤、咬伤宝宝，病毒就由此侵入人体。等潜伏期一过，便会有临床症状表现出来。所以养宠物的家庭一定要注意防止宝宝被宠物伤害。

二、19—24 个月婴儿的教育建议

19—24 个月的宝宝智力发展速度很快，可在之前的基础上巩固、熟练、继续发展。他们的下半身变得很结实，脚步已经很稳固，可以随心所欲地到处走动，

公园、社区的游乐设施也可以玩得很好。在精细动作上，翻书、划线、拿勺子吃饭，得心应手。积极言语阶段的到来让家长希望紧紧抓住这一时机，发展宝宝的语言能力。此刻，宝宝的好奇心仍然很强，仍然会像以前一样自己探索，对世界开始建立了新的理解，也逐渐能够理解周围人的感受，个性随之悄然萌芽。有时候自我意识的发展也促使宝宝固执地想"自己的事情自己做"，但是独立性和依赖性又紧紧交织在一起，睡觉时总希望爸爸妈妈陪伴在身边，对自己轻轻地说话……天真可爱、充满好奇的宝宝，在成长之路上前进，每一天都是新的练习。

（一）动作方面

在粗大动作方面，24个月的宝宝的身体协调性逐渐加强、活动范围进一步扩大，家长可以抓住这个关键时期，为宝宝提供拖拉玩具、三轮车、皮球等，让宝宝练习小跑、骑车、扔球，也可以带宝宝去公园、社区、游乐园，在中大型设施上进行攀爬、跳跃、绕过障碍物跑、走平衡木等活动，帮助孩子养成活动身体的习惯。

▶ 滑滑梯

在精细动作方面，玩具可以给宝宝带来无限的乐趣，在深深吸引宝宝的同时，也是发展动作的好帮手。可以让宝宝垒高积木、玩穿线板和嵌板，接触较为复杂的玩具，提升手眼协调性。在这个过程中，可以鼓励宝宝用自己的方式来玩，运用自己的创造力、分辨力和想象力。

这个时期，活泼好动、活动范围增大的宝宝比较容易受伤，家长一定要确保家中活动环境的安全。家具和桌子的边缘使用保护装置，避免宝宝不小心摔倒造成伤害；宝宝练习攀爬楼梯时要为宝宝铺上柔软的垫子；不要让宝宝独自在房间中或者较高的座椅、窗台上玩耍，移除或让宝宝远离所有具有不

▲ 打迷你高尔夫

稳定支撑力的家具，以防宝宝不小心掉落摔伤等。但与此同时，也不要过度干涉宝宝的活动。

走斜坡	
活动目标	1.训练宝宝的腿部力量、四肢协调能力和身体的平衡性。 2.训练宝宝对腿部关节的控制能力。 3.增加宝宝与家长之间的互动,增进亲子间的情感交流。
前期准备	一条宽35—40厘米、长1米左右的厚木板。
互动要点	1.家长将木板的一端垫高约10厘米，做成简易的斜坡，或带着宝宝来到户外的自然斜坡上，但坡度不可过大。 2.练习上坡时，妈妈与宝宝面对面，抓住宝宝的双手，接着妈妈小步后退，让宝宝在妈妈的牵引下小步向上行走。 3.练习下坡时,妈妈可站在宝宝的前面,抚着宝宝的双手,倒着向下行走。 4.待宝宝熟悉动作后，妈妈可尝试用一只手扶着宝宝走上斜坡，待宝宝走稳后，即可鼓励宝宝独自走斜坡。
温馨提示	1.木板的坡度设置为15度左右为宜，不可过大。 2.要选择表面光滑的木板，防止铁钉、木刺等物品刺伤宝宝。 3.宝宝在学习时，家长必须在宝宝旁边看护，时刻注意宝宝的安全，防止宝宝摔倒。

套碗游戏

活动目标
1. 锻炼宝宝的小肌肉动作、腕部关节的力量以及宝宝手指的灵活性。
2. 促进宝宝大脑发育，培养宝宝的观察力和专注力。
3. 促进宝宝对大小的认知，形成基本的顺序概念。
4. 增加宝宝与家长之间的互动，增进亲子间的情感交流。

前期准备
套碗数个（或套娃、套筒、套塔、套杯等）。

互动要点
1. 家长找若干大小各不相同的碗，依大小次序把它们套在一起。
2. 家长引导宝宝把小碗从大碗中依次拿出。
3. 待宝宝全部拿出后，让宝宝反复练习将大碗放在最下面，然后按照大小顺序，依次将小碗放置在大碗里面。
4. 根据宝宝操作的熟练程度，随之增加套碗的数量。

温馨提示
宝宝进行操作时家长不宜太过着急，宝宝要进行多次的独立操作后，才能依次地套起来。

（二）认知方面

宝宝对颜色、形状、大小的知觉概念进一步增强，可以在之前的基础上，提供更加复杂的插孔玩具，比如带有颜色、大小、形状的匹配或排序规则的玩具。这类玩具能给宝宝带来极大的乐趣。呈现因果关系的玩具适合宝宝此时的理解能力，比如按某个按钮或拉某个绳子会

▲ 宝宝玩玩具钢琴

出现某种声音或动作的玩具，具体有高结构的玩具钢琴、按键电话、遥控汽车等。此外，认识更多日常生活用品的名称及其主要用途也尤为重要。

针对宝宝记忆力的提高，家长要及时采用强化的方式激励宝宝。考虑到延迟模仿能力的出现，家长要为宝宝提供一个良好的社会学习环境。面对宝宝逐渐增强的好奇心，家长可以关注宝宝的兴趣所在，欣喜地面对宝宝的重复动作行为；同时，还可以提供一些有规则的玩具，比如磁铁钓鱼等，满足宝宝探索世界的愿望，促进宝宝探索精神的萌芽，同时也积累一些科学小常识。

此时，宝宝对文字符号很感兴趣，艺术想象力和表达能力处于萌芽阶段，

▲ 娃娃家游戏

能够进行点、线条等简单的涂鸦，可以提供给宝宝各种绘画的工具，启发宝宝的艺术创造力。此时可以同宝宝一起玩娃娃家，他们很喜欢帮布娃娃脱衣、穿衣、洗脸、洗澡，会忙得不亦乐乎；还可以开小超市，玩买卖小零食的游戏。这些最初的角色扮演游戏能够展开宝宝想象的翅膀。在开展各种游戏的同时，需要给予宝宝适量的玩具和充足的空间，为孩子创造宁静的环境，让他们可以自由、集中精力地玩，培养专注力。

我是小小传话员

活动目标

1. 培养宝宝的注意力和记忆力。
2. 发展宝宝的自我意识。
3. 通过亲子间的对话，提高宝宝的交往能力，促进宝宝和家长的互动。

前期准备

无。

1

互动要点

1. 爸爸、妈妈相向而坐，中间隔一段距离，请宝宝做传话员。

2. 游戏开始，爸爸把宝宝抱在怀里，在宝宝耳朵边上说一句悄悄话，然后要孩子去告诉妈妈。

3. 宝宝跳下地，跑到妈妈

▲ 宝宝学打电话

面前，在妈妈耳朵边悄悄地把爸爸说的话传给妈妈。

4. 妈妈说出来，请爸爸核实，如果传对了，就和宝宝说："谢谢，小小传话员。"如果传错了，就让宝宝再到爸爸那边试试看，或者自己努力回忆一下。

5. 接着，妈妈说一句悄悄话，让宝宝传给爸爸，游戏反复进行。

温馨提示

可以转换角色，比如让爸爸或妈妈做传话员，让宝宝来说话。

这是什么颜色

活动目标

1. 鼓励宝宝进行简单的对话，提高宝宝的语言理解能力和语言表达能力。

2. 帮助宝宝建立颜色的概念。

3. 增加宝宝与家长之间的互动，增进亲子间的情感交流。

前期准备

纸盒一个，红、黄、蓝、绿等颜色的卡片。

2

亲子小游戏

互动要点

1. 妈妈拿出卡片，让宝宝依次认识卡片的颜色："今天，妈妈和宝宝一起认识几个颜色，他们的名字分别是红色、黄色、蓝色和绿色。"

2. 妈妈将提前准备好的各色卡片放在盒子里。

3. 妈妈从纸盒里任意取出一个颜色卡片，让宝宝说出它的颜色："这个卡片是什么颜色的呢？"如果宝宝正确回答，妈妈要立即表扬宝宝："宝宝真棒！"如果宝宝回答不出来，妈妈要主动说出纸片的颜色，并引导和鼓励宝宝跟着妈妈学着说"红色"。

4. 宝宝熟悉后，可适当增加难度，妈妈先说出颜色的名称，让宝宝自己在纸盒里找出相应的卡片，并交给妈妈。

温馨提示

1. 家长说到颜色时，要尽量放慢速度，必要时可多次重复，让宝宝对卡片的颜色有初步的认识；

2. 游戏中，家长要调动宝宝的积极性，多鼓励宝宝，不可操之过急，不可因为宝宝表现不好而责骂宝宝。

（三）语言方面

24个月左右，宝宝的语言能力已经有了显著的进步，说话的积极性日渐提高，发音也从含糊变得清楚，但主要还是以婴儿用语为主。此时的宝宝会从电视中、马路上等一切地方学习一些成人从未专门教给他过的词句，带来一个个惊喜。

充实的语言交流对宝宝的语言发展而言是不可或缺的。电报句、双词句的出现让宝宝更清晰地表达自己的想法，"一词多义""词汇爆炸"等现象让我们看到宝宝语言能力的显著成长。家长要鼓励宝宝用双词句、简单句表达自己的需求，并支持宝宝重复自己所说的话，不断练习新学的字词。遇到宝宝说"这个""啊"等间歇语却说不出真正想说的词句的时候，巧妙地引导宝宝，让他把要说的话说出来。同时，促进宝宝语言发展最有效的方法仍然是多和他说话。

丰富的语言环境同样重要。为了促进宝宝语言和好奇心的发展，家长可以给宝宝设置一个安静、明亮的图书角，为宝宝提供一定数量的色彩鲜明、充满童趣、适合宝宝阅读的故事书和图画书，一方面可以培养宝宝良好的语感，帮助宝宝形成正确的发音，另一方面可以培养宝宝阅读的好习惯。爸爸妈妈也可以带宝宝读带有韵律的儿歌，哼唱一些简单的童谣，这些都可以进一步发展宝宝的语言能力，同时带来乐趣、增长知识。亲子游戏和同伴游戏也是提高语言能力的自然、有效的方式。

在语言教育的过程中，切忌和别的孩子比较。宝宝的语言发展速度有快有慢，个体差异很大。因此，在语言和其他方面的教育中，要更多地使用纵向比较，只要宝宝和自己以前相比有一点进步，就要及时表扬；当然，表扬也要适当，帮助宝宝意识到自己还可以做得更好。

▲ 亲子阅读

语言发展小知识：看图画书的方法

首先，图画书不必很多，我们可以找宝宝喜欢的书放在随手可拿的地方，当宝宝开始偏爱某本书的时候，只要妈妈说出故事内容和书中的人物名字，宝宝就会去书架中找出那本书，妈妈也要及时鼓励宝宝："拿对了。"

其次，看图画书时，家人陪伴下的阅读格外重要。宝宝喜欢通过图画来了解故事，但有的图画书内容深刻，采用妈妈讲的方式也可以令宝宝十分入迷。对于喜欢的图画

▲ 宝宝自己拿书

书，宝宝会要求妈妈念给他听，妈妈不妨答应他的要求。反复听过、看过的图画书，宝宝可能会牢牢记住，知道下一页会发生什么，如果如他所想，他会非常高兴。妈妈可以顺应宝宝的这种期盼心理，和宝宝一起慢慢翻书，同时开心地和宝宝说："真的是这样！"

▲ 阅读图画书

再次，利用图画书的内容玩对话游戏。对于图画书中色彩鲜艳的图片，宝宝十分喜爱，可以通过引导宝宝观察或讲述图片中的细节，提升宝宝的语言能力、理解能力和想象力。对于更大一些的孩子，可以问一问他们，主要角色在做什么？他们之间是什么关系？你猜一猜，接下来会发生什么？让宝宝在充满兴趣的情况下阅读，达到最佳的效果。

此外，还可以通过戏剧游戏的形式，表演图画书中的主要人物和情节，将阅读延伸至生活，体会文学和艺术世界的无穷乐趣。

教宝宝打电话

活动目标

1.鼓励宝宝与他人进行简单对话，丰富宝宝的词汇，促进宝宝语言能力的发展。

2.培养宝宝的注意力，丰富宝宝的想象力，培养宝宝的愉悦情绪。

3.增加宝宝与家长之间的互动，增进亲子间的情感交流。

前期准备

两个玩具电话或者用纸杯自制的电话。

互动要点	1. 妈妈和宝宝面对面坐好。

2. 妈妈和宝宝用手当作电话放在耳边，和宝宝一起说儿歌："两个小娃娃呀，正在打电话呀？喂！喂！喂！你在哪里？(妈妈问)喂！喂！喂！我在家里(宝宝回答出地点，如：沙发上、床上等)。"

3. 妈妈问："宝贝今天开心吗？""宝贝的玩具好玩吗？""今天宝贝都做了哪些事情呀？"引导宝宝勇敢表达内心的感受。

4. 妈妈要调动宝宝的积极性，教给宝宝接电话时要说："喂，你好！""喂，请问您找谁？"挂掉电话时要说："再见！"

温馨提示	家长要对宝宝多一点耐心和细心，逐渐调动宝宝的积极性。

（四）情感与社会性方面

2 岁左右，宝宝进入了"第一反抗期"，可能会开始频繁地说"不"，这是他们自我意识发展、要求独立的体现，也是家长帮助宝宝认识自己内心愿望的最佳时期。爸爸妈妈需要耐心、循循善诱、真诚和蔼地对待宝宝，让他们产生安全感，有时间体验内心的心理活动，理解各种更加复杂的感情，而不是总沉着脸、急性子，让宝宝感到害怕、无所适从，通过继续说"不"来给自己壮胆，渐渐与成人形成对抗。

宝宝的合作行为也在 19—24 个月时开始迅速发展。和同伴玩耍时，由于"第一反抗期"和占有欲的存在，宝宝表现出的态度和行为可能并不是那么友好。所以，要为他们提供合作的榜样，

▲ 分享玩具

并提供参与合作活动的机会，例如在家里玩一些合作类的亲子游戏。同时，此时还要注意帮助宝宝树立正确的分享观念，教给宝宝一些分享技能，并通过鼓励、表扬等方式强化宝宝的分享行为。也可以让他和年龄更大的小孩玩，激发同伴之间简单的对话，以游戏的形式持续培养规则意识和社交技能，宝宝间相互争吵的情形也会得到改善。

面对孩子逐渐增强的模仿能力，家人要多给宝宝一些机会，比如挤牙膏的时候孩子在一旁跃跃欲试，就要给他机会试一试，告诉他怎么挤，让宝宝体会成功的喜悦。语言的模仿更是无所不在，家长可以不失时机地结合具体的事物、动作、神态教宝宝说话。宝宝的模仿有时候不以成人的意志为转移，家长要认识到宝宝自发模仿的特点，在自身一言一行中起到模范作用，促进宝宝的身心健康发展。此外，随着宝宝想象力等能力的发展，19—24个月的宝宝常常会出现对黑暗、小动物等的害怕，因此爸爸妈妈要给予宝宝充足的安全感。同时，这个时期宝宝的秩序感也不断发展，他们喜欢将自己的玩具摆放在同一个位置，喜欢摆放整齐的物品，喜欢有规律的生活。因此，家长可以在家里摆放一些小盆栽，在墙上摆放一些小花篮，保证客厅家具、物品、衣橱里衣物摆放得整洁有序，营造一个干净、卫生、温馨、安全的环境，培养宝宝良好的秩序感，帮助宝宝养成良好的生活习惯。

心理小链接

喜欢模仿的宝宝

孩子天生就有一种模仿别人的能力。刚出生不久，宝宝就会模仿成人伸舌头的动作，只是没有为我们所觉察。

模仿是帮助孩子社会化的有利工具。12个月以前的宝宝，模仿的内容倾向于情绪性的表达，比如挥手说再见、双手合十说谢谢、拥抱、亲亲等。稍大的孩子则倾向于模仿工具性的行为，例如做各种家务，学着妈妈喂布娃娃吃饭，等等。这是孩子通过模仿在学习使用各种工具，同时表达他对被模仿者的爱恋。19—24个月时，孩子还具有延迟模仿的能力。宝宝将日常发生的事件或对人物的观察储存在记忆中，没有马上表现出模仿，但是这并不表示他们没有学习。比如，一个宝宝在某个亲戚家看到了一个孩子在地上哭闹打滚，过几天他自己发脾气时，竟原模原样地再现了这一幕。

因此，在这一时期，家长要善于利用孩子喜爱模仿的特点，为孩子提供丰富有益的刺激，培养孩子良好的行为和习惯，引导孩子学习基本的生活技能。同时，由于孩子无法区分行为的好坏，家长要特别注意自己的言行举止，为孩子树立良好的榜样，并及时对宝宝的模仿行为予以适当的反馈。

这是我的家

活动目标

1. 通过家长与宝宝之间的"对话"，培养宝宝与人交流的意识。
2. 帮助宝宝找到自己的家，提高宝宝的社会交往能力。
3. 增加亲子互动的机会，提高宝宝与家长之间的亲密度。

前期准备

无。

互动要点

1. 家长带宝宝逛街时，教宝宝学认马路上的一些标志，如商店里、广告牌上和建筑物上的文字等。
2. 在回家的路上，家长有意识地让宝宝指出刚才记住的路标。
3. 经过多次训练后，回家时可让宝宝在前面带路，从路口领着成人回家。
4. 当宝宝找到家门口时，家长要及时称赞："宝宝真能干。"
5. 对于宝宝经常去的奶奶家、姥姥家以及熟人的家，也要教宝宝能辨认路线。

三、19—24 个月婴儿的发展评价

当 24 个月的宝宝不能达到以下指标时，应引起家长的高度重视，必要时应及时向儿科医生或保健专家进行专业咨询。

宝宝 24 个月时的表现		
1. 能独立穿脱简单的衣物。	是 ○	否 ○
2. 能自己洗手，主动表示想大小便。	是 ○	否 ○
3. 能稳步走路、后退走和向前快跑，但不能及时停下和转弯。	是 ○	否 ○
4. 能双足交替、扶栏杆上下楼梯。	是 ○	否 ○
5. 在成人的帮助下，能走比较宽的平衡木。	是 ○	否 ○
6. 能扔球、向前踢球、低头弯腰、钻圈，较之前更灵活。	是 ○	否 ○
7. 能转动门把手，推开门，喜欢用线串珠子，但是动作还不准确；可以用拇指和食指捡物。	是 ○	否 ○
8. 能独立使用勺子、叉子和杯子等简单的餐具。	是 ○	否 ○
9. 能画简单的图形，搭更多层的积木，会在成人的指导下折纸。	是 ○	否 ○
10. 能手口一致地指出身体各个部位的名称，如头部、手、脚等。	是 ○	否 ○
11. 能认识 2 种颜色、简单的图形，如圆形、三角形等。	是 ○	否 ○
12. 喜爱童谣、歌曲，喜欢手指游戏。	是 ○	否 ○

13. 掌握 300 个左右的字词，能说含 2—3 个词的短句。　　　　　是 ◯　　　否 ◯

14. 能与成人进行简单的交互式对话，喜欢模仿成人说话。　　　　是 ◯　　　否 ◯

15. 开始理解个人所属的概念，如"宝宝的车车""我的爸爸"等。　　是 ◯　　　否 ◯

16. 喜欢模仿成人做家务，学成人的样子一页一页翻书。　　　　　是 ◯　　　否 ◯

17. 能表达多种情感，如同情、不喜欢等。　　　　　　　　　　　是 ◯　　　否 ◯

18. 开始喜欢和小朋友玩耍，做简单的游戏，但还缺乏合作精神，不懂得和小朋友分享的快乐。　　　　　　　　　　　　　　　　是 ◯　　　否 ◯

2—3岁

第八章
25—30个月幼儿的发展特点与家庭教养指导策略

一、动作发展

无论是粗大动作的发展，还是精细动作的发展，25—30个月的幼儿相较2周岁前的婴儿而言，都有了很大的进步。粗大动作方面，幼儿已经能够更好地控制自己的四肢，大多数幼儿都能够完成如后腿走路、双脚交替上楼梯、单脚站立2—5秒、骑3个轮子的童车等动作，这些粗大动作能力的发展能够丰富幼儿的活动类型、增强幼儿的行动能力，爸爸妈妈也由此能够和孩子开展各式各样的亲子活动。而在精细动作上，幼儿的手指灵活性也在这个月龄段达到了前所未有的新高度，比如幼儿能够开始使用笔杆较粗的笔在纸上涂涂、画画，能够在各个手指的协调配合下完成一页一页地翻书，等等。

（一）粗大动作

25—30个月的幼儿粗大动作的发展主要集中在腿部肌肉、手臂肌肉以及两者之间的协调与配合上。对于25—30个月的幼儿来说，大多数幼儿都能够完成向后倒着走、向左右两边侧着走以及以一定速度奔跑，也能够根据爸爸妈妈的指示随时停下来。除此之外，25—30个月的幼儿能够做到"迈"过低矮的障碍物，如家里面的低矮门槛、路上的小石子等；在上下楼梯的时候，幼儿能够双脚交替，而不再是每上一阶台阶都要停顿一下。爸爸妈妈可以有意识地多带孩子走楼梯，而非总是乘电梯，以达到训练孩子下肢力量的目的。

▲ 幼儿能以一定速度奔跑，并
根据妈妈的指示随时停下来

▲ 尝试骑车

随着幼儿手臂肌肉能力的发展，25—30个月的幼儿能借用手臂的力量将球或圆柱体朝某个方向"滚"出去，大多数幼儿也能完成用力将球往远处"扔"的动作。

当幼儿的腿部肌肉和手臂肌肉都相对发展起来的时候，全身性大肌肉的协调配合也会随之出现。大多数粗大动作发展良好的幼儿能够在成人的帮助下学会骑三轮童车，并在骑车的过程中保持腿部和手部的动作协调。

（二）精细动作

25—30个月幼儿的精细运动发展最为主要还是体现在其手指变得更加灵活、更加协调了。大多数幼儿都能够利用手指和手掌的力量完成"旋"这个动作，比如能够旋开瓶盖、能够转动门的把手开门，等等。这一月龄段的幼儿开始对涂涂画画产生了兴趣，他们大都喜欢用笔杆稍微粗一些的笔在纸上涂涂画画，爸爸妈妈能够惊喜地发现孩子能够画出比较水平或垂直的直线条了。除此之外，这一月龄段的幼儿也能够更加灵活地使用自己的手指前端，能够一页一页地翻书，并且能够在爸爸妈妈等成人的引导下自己穿鞋、解开衣扣、拉上拉链等，可见幼儿手指精细动作的发展也能够促进幼儿自理能力的提升。

▲ 旋开瓶盖　　　　▲ 幼儿涂涂画画

二、认知发展

（一）获得对应的概念，如大与小、多或少

25—30个月的幼儿在认知发展上获得了很大的进步，对生活中经常出现的对应概念，如"大"与"小"、"多"与"少"、"上"与"下"、"长"与"短"、"前"与"后"等具有基本的认识，比如妈妈一只手拿着一个比较大的苹果、一只手拿着一个比较小的苹果，孩子可以准确指认哪个苹果大、哪个苹果小。对基本概念的认知发展还体现在幼儿对事件发生先后顺序的理解上，比如在"小松鼠捡松果"的游戏活动中，幼儿已经能够理解简单的游戏设定，

▲ 25—30个月的幼儿在超市区分苹果和梨

知道小松鼠早上出门捡松果，捡完松果之后再拿回家交给爸爸妈妈。

对应概念的发展还表现在幼儿对性别的认识上。25—30个月的幼儿能够知道"妈妈是女的""爸爸是男的""爷爷也是男的"，在爸爸妈妈的引导下孩子也会记住"自己是男孩／女孩"。当爸爸妈妈给孩子看图片上的人物照片时，孩子能够回答"谁是哥哥""谁是姐姐"这样与性别有关的问题。

（二）"以物代物"的假想能力

上述提到的"小松鼠捡松果"的游戏中，幼儿的"假想"能力实质上也是认知能力发展的结果，幼儿能够将小球或矿泉水瓶等物品假想作"松果"。在这些假想游戏中，25—30 个月的幼儿的认知水平已经使他们能够"以物代物"，比如用橡皮泥代替"菜"做给爸爸妈妈吃，用自己的手指代替"牙刷"做刷牙状，等等。

（三）数与图形的概念

▲ 指认数字

25—30 个月的幼儿在数概念和形状概念上也取得了进步，大多数幼儿都能够按顺序从 1 数到 10，能够指认生活中的常见图形，如圆形、方形和三角形等。爸爸妈妈可以在生活中对幼儿的这些认知概念进行练习，比如在家里可以指着墙上的圆形钟表问孩子："你能告诉爸爸 / 妈妈那个是什么形状吗？"在超市里看到三角形的衣架时问孩子："你看这个衣架是什么形状？"亲子之间借用生活场景的提问对话，对孩子认知能力的发展大有裨益。

心理小链接

2 岁幼儿的认知发展阶段

瑞士心理学家皮亚杰将幼儿的认知发展分为不同的发展阶段。他认为所有的幼儿都会依次经历感知运动阶段（0—2 岁）和前运算阶段（2—6 岁）。虽然不同的幼儿以不同的发展速度经历这两个阶段，但是都不可能跳过某一个发展阶段。

感知运动阶段自婴儿出生至 2 岁左右，此阶段的婴儿主要依靠感觉和知觉的手段来适应外部环境，例如通过听觉、触觉、味觉等获得对周围世界的认识。

前运算阶段从 2 岁左右开始持续到大约 6 岁，此阶段的幼儿通过内部的思维发展，将具体的动作或者事物与脑海中的符号建立联系，能通过语言、模仿、想象、符号游戏和符号绘画来发展符号化的表征。这个阶段的幼儿思维主要特点表现为以下几方面。

（1）思维活动具有相对具体性，不能进行抽象运算思维。

（2）不可逆性：这个时期的幼儿思考问题时，不能既从正面想，又从反面去推理。例如，幼儿只知道自己有个哥哥，却不知道自己的哥哥有个妹妹（就是她自己）。

（3）自我中心视角：幼儿面对问题情境时，只会从自己的角度看问题，不会从别人的角度去考虑。例如，2岁的幼儿将自己最喜欢的洋娃娃的衣服送给爸爸作为生日礼物。

三、语言发展

25—30个月的幼儿基本上能够听懂爸爸妈妈的绝大部分语句的意思，在与爸爸妈妈和他人的交流互动上变得更加顺畅，大多数这一月龄段的幼儿都能够用语言完整地表达自己的需求和想法。

（一）词汇逐渐丰富，能说出完整的简单句

25—30个月阶段的幼儿能够掌握1 000个左右的词汇，这些词汇除了较早出现的名词、动词之外，还包括一些形容词（如红色的、亮的、热的等）、连词（如和、跟等）、人称代词（如我、你、我们等）、副词（如很、非常等）等。随着幼儿词汇量的增长，大多数这一阶段的幼儿能够说出包含主宾谓结构的完整的简单句，如"我吃了一个苹果"等。爸爸妈妈可以有意识地向幼儿输入带有定语、状语修饰的句子，比如当带孩子去水族馆的时候，可以向孩子描述不同种类的鱼、吃饭前向孩子介绍今天的饭菜等；爸爸妈妈还应该鼓励幼儿用完整的句子表达自己的想法与需求，比如孩子想要吃苹果的时候，要让孩子学会"我想要吃苹果"，而不是用"苹果"一个词代替。

在水族馆描述不同种类的鱼

（二）能够正确使用"不"

在25—30个月的幼儿的常用表达中已经出现了含"不"的否定句，比如当

孩子不想吃饭的时候可能会说"不吃"，不想睡觉的时候可能会说"不睡觉"等，类似这样的否定句大多是在表达幼儿不想做某件事情的想法，正确使用"不"可以说是幼儿语言表达能力发展的一个关键性里程碑，对幼儿情绪与社会性的发展也具有重要意义。

（三）理解提问并正确回答

随着25—30个月幼儿对语言理解水平的增加，这一月龄段的幼儿不仅能够理解由"谁""为什么""哪里"等词语引导的提问，还能够根据实际情况正确回答。比如当爸爸妈妈问幼儿："今天早上谁叫你起床的？"幼儿能够根据早上起床的实际情况回答某个具体的人，而不会回答"穿衣服"这样无关的语句。

（四）背诵简单的儿歌

25—30个月的幼儿基本上能够通过学习背诵简单的儿歌，并做到发音基本正确。爸爸妈妈可以选择内容贴近生活、篇幅较短、朗朗上口且容易记忆的儿歌教给孩子，比如大家都熟知的"小燕子，穿花衣，年年春天来这里"，这样的儿歌就很适合这一月龄段的幼儿。

四、情感与社会性发展

情感与社会性能力并不是与生俱来的，而是在成长过程中通过各种能力的发展以及与周围环境的相互作用慢慢习得的。伴随着幼儿认知、语言等方面的发展，25—30个月的幼儿在情感与社会性方面也会随之发展。

▲ 30个月的幼儿坚持
自己的头饰装扮

（一）自我意识增强与"第一反抗期"

25—30个月的幼儿在语言方面开始掌握了人称代词"我"和"你"，这也就意味着幼儿的自我意识开始迅速发展，幼儿开始用语言表达"自己"的想法，比如"我要玩滑梯"；25—30个月的幼儿能够掌握含"不"字的否定句，所以幼儿在有小脾气的时候会使用"不"来表示自己"独立"的想法，比如"我不吃胡萝卜"等。

随着幼儿自我意识的增强，幼儿开始表现出强烈的自我主张，经常会通过反抗成人的要求来表现自己的独立，经常说"不"。这一阶段，爸爸妈妈可能感觉到自己的孩子好像没有以前那么"乖巧"了，经常"闹小脾气"。但实际上这是每个孩子必须要经历的一段"反抗期"，爸爸妈妈的陪伴、接纳以及正确处理就显得尤为重要。

亲职大学堂

如何应对孩子的"第一反抗期"

来自家长的困惑

安安的爸爸妈妈最近陷入了苦恼：自己的女儿安安原本是一个乖巧的小女孩，可是刚刚过了2周岁生日的安安最近变得十分任性，总是闹小脾气。一天早上爸爸妈妈准备带安安去附近公园玩，安安妈妈为了节省出门的时间，随便找到一套衣服给安安换上，结果安安大闹起来："我不要穿这个，我要穿裙子。"安安妈妈认为穿裙子去公园玩不方便，就和安安解释道："一会儿我们要去公园玩滑梯，穿裙子多不方便啊，还是穿这套衣服吧！""不，不，我不穿这个！"安安一边拒绝一边抹起了眼泪。

还有一次，安安爸爸带着女儿逛商场，安安看到了柜子里摆放的娃娃玩具，就吵着要带回家。爸爸认为家里面已经有了太多类似的玩具，不给安安买，结果安安又闹了起来，在商场哭着喊着要爸爸买给自己。

安安的爸爸妈妈很疑惑，自己这么乖巧的女儿怎么变了样？难道是自己平时的教育出现了问题吗？

专家解答

2岁以后的幼儿随着自我意识水平的增加，会出现强烈的自我主张，孩子不仅会拒绝爸爸妈妈的要求与命令，还会在自己的想法不能得到满足的时候"闹脾气"，这通常被称为孩子的"第一反抗期"。案例中的小女孩安安明显正处在这样一个特别的心理时期，爸爸妈妈对此要付出更多的关注与耐心，多了解孩子心中的想法，尝试改变自己对待孩子的态度，帮助孩子平稳地度过这段时期。

（1）理解并尊重孩子的想法。

当自己的孩子出现了类似安安表达"出门要穿裙子"的自主想法和独立意愿时，爸爸妈妈不妨能够站在孩子的角度理解并尊重孩子的要求。比如案例中的安安妈妈可以耐心询问孩子："为什么今天一定要穿裙子出门呢？""这套衣服和另外一套衣服你要穿哪个（可能都不是裙子）？"正确理解并给予孩子

▲ 幼儿自己挑选喜欢的衣物

自主选择的机会，鼓励孩子的自主性，这样才能帮助孩子更好地发展。限制孩子的真实想法，只会使孩子刚刚萌发的自主性受到打击，甚至还会让孩子的心中产生挫败感，不利于孩子的身心发展。

（2）满足孩子合情合理的需求。

孩子的自我主张有时会表现在日常生活中，比如孩子正在兴致勃勃地看一本书，这个时候妈妈走过来说："不要看书了，去玩会积木吧。"孩子可能就会产生反抗："不，我不要玩积木，我要看书。"这种情况下孩子的需求完全是合情合理的，因此爸爸妈妈也不要过分限制孩子的需求。

还有一些爸爸妈妈喜欢与孩子进行"约定"，比如常常会讲"如果……，就答应你……"这样的话。这种时候爸爸妈妈提出的条件一定要是自己能够说到做到的，避免在孩子面前"开空头支票"，以免阻碍自己与孩子之间信任关系的建立。

（3）正确应对孩子的不合理要求。

在孩子的"第一反抗期"期间，一味地对孩子百依百顺也是一种错误的做法，会使孩子养成专横、任性的性格。比如案例中安安在家里已经有很多玩具的情况下，还是坚持要买商场里的玩具，这一要求就不是合理的，安安爸爸对此不能听之任之。

对待孩子的不合理要求，爸爸妈妈首先要做到与孩子心平气

和地对话，告诉孩子不能够满足这个要求的具体原因是什么，比如案例中安安爸爸可以对安安说："家里面已经有两个娃娃了，再买一个回去的话其他娃娃就没有地方住了。"如果孩子此时情绪很激动，不肯听爸爸妈妈说的话，也可以采用转移注意力的方式，用另一种更能吸引孩子兴趣的事物引导其放弃原有的不正当要求，比如案例中安安爸爸可以指着玩具店旁边的棋类游戏说："安安你看那边有更好玩的玩具，我们一起去看看吧，如果你喜欢爸爸可以买给你。"当上述两种方法全部无效的情况下，比如案例中安安还是哭闹着要买玩具的话，那么安安爸爸则必须表明自己的态度："无论怎么闹也不会给你买的。"然后转身离开，通过"冷处理"的方式终止孩子的这种不合理要求。

　　孩子的这种"第一反抗期"一般会从 2 岁左右开始萌芽，一直持续到三四岁左右，是孩子心理发展的必经阶段。爸爸妈妈要妥善处理好孩子的这段特殊成长时期，调整好自身的心态并付出更多的耐心，陪伴孩子一同成长。

（二）简单的是非观

25—30 个月的幼儿一般都会在心中产生简单的是非观念，知道帮助别人是好事情，自己在帮助妈妈做事情之后会得到表扬甚至奖励；而打人、咬人、抓人等则是不好的事情，自己不应该做出这样的事情。

这一阶段幼儿对是非的评价主要源于生活中的具体经验，所以在日常生活中，爸爸妈妈要时刻注意培养孩子正确的是非观，在生活中发生了正确的、好的事件时，爸爸妈妈要告诉孩子这样做是正确的；如果在生活中遇到了一些不对的、不值得提倡的事件时，爸爸妈妈则要告诉孩子这样做是不正确的，不能模仿这样的行为，还要尽可能地告诉孩子正确的做法是什么，帮助孩子建立正确的是非观。

（三）识别并区分自己与他人的情绪

幼儿在 25—30 个月的时候，随着自我意识的萌芽，能够开始识别并区分自己的情绪和他人的情绪了。比如，当一个孩子和妈妈说好再玩五分钟积木就准备吃饭了，可是孩子一不小心忘记了时间，妈妈生气地走进房间大声说："快点收拾玩具吃饭！"这时候孩子就能够意识到妈妈"生气"了，自己也因为被批评而感到很"害怕"。

▲ 看到玩偶后的愉快心情

能够识别他人的情绪对幼儿移情能力的发展非常重要，比如当幼儿看到其他的幼儿受到责罚时，心中可能会联想到自己受到责罚时的心情，因此会感到很"难过"。但是这种移情能力也受到幼儿"自我中心"发展特点的局限，25—30个月的幼儿只能根据自我已有的经验来判断他人可能的情绪，脱离了这种经验之外的"移情"还显得很不足，大概在36个月之后，才会发展更高水平的"移情"。

一、25—30 个月幼儿的养育建议

（一）生长发育

2 岁后，幼儿的身体发育成长速度不再像前两年一样快，但是身高、体重和头围仍然不断增长。30 个月时，男性幼儿身高范围可达 82.4—105.0 厘米，体重范围为 9.86—19.13 千克，头围范围为 45.3—53.1 厘米。女性幼儿身高范围为 81.4—103.8 厘米，体重范围为 9.48—18.47 千克，头围范围为 44.3—52.1 厘米。此时，幼儿的身体比例会持续改变，躯体和四肢的增长比头围快，为了支持身体重量和独立行走，幼儿的下肢、臀、背部的肌肉会变得发达。但是腹部的肌肉尚未发育完全，幼儿将持续有突出的肚子。如果幼儿出牙正常，到了 30 个月左右基本都会萌出 20 颗乳牙，仅有少数孩子尚未出齐 4 颗后臼齿。

（二）喂养保健

25—30个月的幼儿肌肉开始明显发育，骨骼中钙磷沉积增加，对于各种营养素的需求较高。由于宝宝乳牙基本长齐，消化和咀嚼能力都有了很大的进步，因此，这一阶段粗粮、杂粮应该正式进入宝宝的食谱中。粗粮中含有的丰富营养物质，如B族维生素，膳食纤维，不同种类的氨基酸、铁、钙、镁、磷等，能够满足宝宝快速生长发育的营养需求。家长要注意的是此时幼儿的胃肠功能仍未发育完全，因此添加粗粮时制作得要细、碎、软，不宜吃难消化的油炸食物。粗粮的添加量要根据宝宝的体质、肠胃反应从少到多逐渐调整，每周1—2次即可，逐渐增至一周2—4次，并不需要每天都以粗粮为主食。

黑米	红豆	绿豆
小米	燕麦	糙米

▲ 25—30个月的幼儿可以吃的一些杂粮

幼儿每天的饮食要平衡搭配，这样才便于身体吸收利用。除添加粗粮外，还要保证宝宝每天要摄入充足的优质蛋白质，如奶、蛋、肉类、鱼和豆制品等。蔬菜和水果是提供维生素和微量元素的来源，因此每顿饭都应有一定数量的蔬菜才能符合身体需要。但是，对于25—30个月的幼儿来说，每天进食的水果不应过多，最好在100—200克范围内，即一个中等大小的橘子或半个大苹果。因为水果中的主要成分是果糖，摄入过多果糖会导致宝宝的身体缺乏铜元素,从而影响骨骼发育。每大进食可安排三餐,即主食及至少两次加餐,上下午各一次,晚餐时间比较早时,可在睡前两小时再安排一次加餐,加餐以奶类、水果为主,配以少量松软面点,不随意改变进餐时间、进餐环境和进食量。

适合 25—30 个月幼儿的杂粮食谱

花生紫米糊:

食材:糯米 50 克、紫米 20 克、花生仁 30 克、水 800 毫升。

做法:把糯米、紫米和花生仁洗净后浸泡一晚,倒入破壁机或豆浆机中即可。

功效:紫米中富含人体需要的微量元素,宝宝食用后可以全面补充营养,提高免疫力。

红枣栗子粥:

食材:糯米 30 克、大米 30 克、栗子仁 10 颗、枣(干)10 个。

做法:糯米和大米清洗干净,提前放入清水里浸泡。将红枣在水里浸泡一下,蒸熟后去皮去核,研磨成枣泥。将煮熟的栗子用料理机打成小颗粒状,放在盘中备用。将米和适量的水一起放在锅中,煮成粘稠的粥后加入枣泥和栗子即可。

多彩玉米糊:

食材:玉米面、冬瓜粒、瘦肉粒、红薯粒适量、鸡蛋 1 个。

做法:在玉米面中加入凉水,搅拌至没有疙瘩。锅中水烧开后,倒入玉米糊、冬瓜粒、瘦肉粒、红薯粒,小火煮 10—15 分钟,最后打入一个荷包蛋或者把鸡蛋打散成蛋花即可。

宝宝爱吃甜食怎么办

媛媛的妈妈发现自己的宝宝不仅爱吃零食,还特别偏爱蛋糕、饼干、糖果、冰淇凌这些甜食。她在网上看到吃甜食的危害很大,容易长胖、蛀牙、引起挑食,对视力也有害处,甚至有可能得糖尿病。于是赶紧严令禁止媛媛吃甜食。可是每次媛媛哭着闹着一定要吃甜食,家里的老人就忍不住让她吃一点小蛋糕或者糖果。媛媛妈妈很苦恼,宝宝这么爱吃甜食可怎么办呀?

许多家长都有这样的困惑,宝宝特别爱吃甜食,又不能强硬地让他戒掉,这可如何是好?甜食确实有很多危害,但是适当摄入甜食、学会正确"吃糖",对宝宝的健康还是没有影响的。

如果你的宝宝还没有正式"迷恋"上甜食,那么家长从小开始,就要控制宝宝从饮食中摄取的糖分的量。通常宝宝每天摄入的糖量不能超过每千克体重0.5克,如果宝宝的体重为10千克的话,那么他每天的糖分摄入量不应超过5克,相当于半块糖果。

如果宝宝已经嗜甜成瘾,那么家长不要操之过急,可以慢慢帮助宝宝纠正饮食习惯。首先,要控制宝宝吃甜食的时间,不要让宝宝在饭前、饭后或睡前吃甜食。饭前吃甜食容易降低宝宝的食欲,在正餐期间不想吃饭,反而更想吃零食。而饭后吃甜食会增加热量的吸收,使得宝宝体重增加。偶尔可作为下午茶,给宝宝吃一两块饼干、糖果或者一小份

▲ 幼儿偏爱吃冰激凌

冰淇淋。此外,有两种特殊时机可以给宝宝吃一点甜食:第一,在宝宝情绪激动时,吃点糖可以起到安抚情绪的作用;第二,在宝宝剧烈运动玩耍后吃点糖,可以补充宝宝体内所消耗的热量。

另外，平日里家长还要注意不要把放甜食的罐子、瓶子等放在宝宝容易看到或者能够得着的地方。可以寻找一些健康的甜食来替代冰淇凌、糖果和蛋糕这类高热量的甜食，比如水果干、酸奶、自制一些健康甜品等，逐渐把宝宝的口味转变得更加清淡、健康。

（三）日常护理

午睡

25—30个月的幼儿每天所需的睡眠时间为13个小时左右，除晚上正常睡眠外，午睡也很有必要。美国心理学家的一项研究发现，午睡可帮助学龄前儿童记住早上所学知识，具有巩固大脑所学新信息的重要作用。所以除了保证晚上充足的睡眠，必要的午睡对25—30个月的宝宝来说是一个很好的习惯。

此时宝宝可能开始不太愿意午睡，家长应当给宝宝规定固定的一天作息时间，使孩子吃饭、睡觉、活动都有固定的时间。长期这样坚持下去，便可形成条件反射，到午睡的时间孩子自己就会产生睡意，并慢慢养成自动入睡的习惯。午睡虽然大有益处，但是也不能过长，否则会影响夜间的睡眠。一般25—30个月的幼儿夜间睡眠时间为11—12个小时，午觉以睡1—2小时左右为宜。

穿鞋

夏天时，有些家长觉得宝宝活泼好动，易出汗，穿上凉鞋一定会让宝宝感到更加凉爽舒适。但是在为宝宝选购凉鞋时，家长不要选择前面露脚趾的凉鞋。因为2岁后宝宝确实更加好动，然而动作还不够灵活、协调，如果宝宝在奔跑时不注意地面，很容易被地面的障碍物绊倒或磕碰，如果穿着露脚趾的凉鞋，极有可能弄伤脚趾。所以，家长在为宝宝选择凉鞋时，既要注重凉爽舒适，也要考虑安全问题。最好选择透气性较好的材料，比如羊皮、牛皮、帆布、绒布，不要穿人造革或塑料制成的宝宝鞋。

电子产品

当今社会、家庭中充满了电子产品，使得宝宝出生后就被各种电子设备包围。家长一定要注意科学合理地指导幼儿使用电子产品。

宝宝看电视或者电子产品的时间最长不可超过半小时，要注意保持适宜的距离，室内的光线和屏幕画面的对比度不可太大，否则会造成眼疲劳。另外，25—30 个月的幼儿喜欢凡事都有规则性，适合在固定的时间内看固定喜欢的节目。如果有时间，家长尽可能陪宝宝一起欣赏，每30 分钟后必须有一段休息时间。这样不仅有助于宝宝养成良好的习惯，还可以增进亲子之间的感情。

▲ 幼儿在成人陪伴下玩电子产品

在视频内容的选择上要注意尽量避免有冲击性的节目，这类节目不仅不利于宝宝心理健康的发展，容易造成恐惧或敌视等不良情绪情感，还会让模仿能力强的幼儿学会不良习惯或者攻击性行为。

（四）疾病预防与护理

从宝宝 2 岁后开始，每年进行一次体检即可，因此 25—30 个月期间，如果宝宝没有特殊疾病或反常的发育表现，家长不需要带宝宝去医院进行检查。这个月龄段期间也不需要带宝宝进行疫苗接种。

脱臼

2 岁左右的宝宝关节活动范围较大，但是韧带松弛，关节囊比较柔韧且富有弹性，故牵拉负重后容易引起脱臼。如宝宝走路时，家长常常怕宝宝摔倒而拉着宝宝的小手，如果宝宝突然重心不稳，家长稍微一用力拉扯，就会导致脱臼情况发生。因此，家长在和宝宝互动的时候，应避免做单边的拉提动作。需要注意的是，一旦宝宝发生过脱臼，相同部位就容易多次反复地发生脱臼。所以如果宝宝有脱臼的病史，家长跟宝宝玩耍、更换衣服或进行身体接触时，不要在相同部位用力过大，以免脱臼再次发生而形成习惯性脱臼。

如果宝宝发生脱臼后，手臂单边不动但没有疼痛感，家长可以用三角巾将脱臼部位稍进行固定并进行冰敷，然后带宝宝去医院检查。如果没有三角巾，可以将手放在上衣的扣子与扣子之间进行固定。注意在移动的过程中不要碰撞到脱臼的部位，以免造成二次伤害。在接受医生复位后，尽量不要频繁或动作幅度过大地活动受伤的关节，还需要给受伤的关节一段时间恢复。

骨折

25—30个月的幼儿活泼好动，但是骨骼发育尚不完善，不小心撞、跌得太用力，都有可能会造成骨折。如果家长发现宝宝稍微动或弯曲一下，或是连轻轻触摸也会因剧烈疼痛而大哭大闹，同时遭到碰撞的部位有红肿的情形，甚至是有变形的现象，那么宝宝可能发生了骨折。

如果宝宝出现骨折的部位有出血的外伤，必须先行止血，若伤口上有铁锈、泥土等脏污则需要立刻到医院打破伤风。如果送宝宝到医院的时间过长，家长可以先将患部用木板或者木条固定，用毛巾或衣服垫在皮肤和夹板中间，尽量避免晃动受伤部位，更不要尝试自己把断骨接好。

（五）安全

溺水

许多家长认为，只要不带宝宝去户外或者成人的游泳池中游泳就不会发生危险，其实并非如此。中国疾控中心公布不同年龄组儿童溺水发生的高危地点，其中1岁至4岁儿童主要为脸盆、浴盆、浴缸和室内水缸。2岁左右的宝宝骨骼与运动神经的协调能力尚未发展成熟，在澡盆、浴缸或者婴幼儿游泳机构洗澡、游泳都有可能对宝宝的安全构成威胁，一旦宝宝栽下去呛到了水，或水面盖过口鼻，就可能导致因溺水而站不起来。因此，家长要注意帮宝宝洗澡时，切记不可单独把宝宝留在浴室。家里浴室尽量避免使用太滑的瓷砖，或者可在浴室放置防滑垫，防止宝宝在浴室跌倒。

此外，25—30个月的宝宝活动能力很强，家长带孩子出门时，千万不可让他们在湖边、河边等有水的地方独自玩耍。

 坠落

每年都会发生宝宝从窗户坠落受伤的悲剧，25—30个月的宝宝走路和攀爬能力都变得更加灵活，也因此更容易从窗口坠落。家长可以给窗户安装防护栏或是窗户安全锁，不让窗户完全打开，尽量不要在窗户附近摆放家具，不给幼儿有攀爬到窗户上的机会。此外，也要注意尽量不要把宝宝独自一人锁在家里。

除从窗户坠落外，每年还会有约1万名儿童从婴儿床坠落受伤。25—30个月的宝宝好奇心强，他们试图爬出婴儿床时也可能坠落摔伤。家长如果发现你的宝宝时常想从婴儿床中爬出来，可以把宝宝的婴儿床换成儿童床，并加强对宝宝的看护。

二、25—30个月幼儿的教育建议

（一）动作方面

25—30个月的幼儿已经能够灵活地走动甚至跑动了，幼儿不仅可以朝前走，也喜欢倒着走、侧着走；但是25—30个月的幼儿通过障碍物的能力普遍还比较差，仅能慢慢地迈过低矮障碍物。所以爸爸妈妈在幼儿的房间、家里的客厅等地方要避免放置过多的与幼儿视线等高的障碍物，地面的物品也要及时清理干净，在桌角、桌腿、门框等易发生磕碰危险的地方要及时做好保护，比如贴上防撞条、防夹手保护条。

▲ 柔软有弧度的活动区域

跑跑停停

活动目标

1. 爸爸妈妈通过给孩子"跑"和"停"的口令，训练孩子能随时立定的粗大动作能力。

2. 连续的"跑""停"动作也能够训练孩子的平衡能力和四肢协调能力。

3. 在游戏的过程中增加亲子互动的机会，让孩子能够获得愉快的情绪体验。

前期准备

适合跑动的场地，如家里的地板，注意避免过多障碍物或过多人群走动的地方；舒适且适合行走的鞋子。

互动要点

1. 爸爸和妈妈分别半蹲在两边，相隔一定的距离。

2. 爸爸或妈妈中的一方喊口令"停"的时候，孩子需要立刻立定下来原地站好，不得再往前跑。

3. 爸爸或妈妈中的一方喊口令"跑"的时候，孩子可以向爸爸或妈妈的方向跑过来。

4. 孩子在爸爸和妈妈之间根据口令来回"跑"或"停"，重复几个回合。

活动延伸

可以根据孩子的表现提升一些游戏难度，改为"倒走"或"侧走"。

温馨提示

1. 爸爸妈妈要站在孩子的前面，避免孩子因控制不好自己的身体而摔倒。

2. 注意孩子的体力消耗，本活动不宜玩得过久。

3. 对于月龄较小的幼儿，可以将"跑"改为"走"。

大家一起画

活动目标

1. 练习孩子手部的精细动作发展，增强孩子手部肌肉的力量，提升握笔能力。

2. 通过让孩子在纸上根据爸爸妈妈的示范画出竖线或横线，增强幼儿手部的控制能力。

3. 画一画的亲子互动游戏也能够培养孩子的想象力与创造力。

前期准备

白纸、笔杆较粗的彩色笔若干。

互动要点

1. 爸爸妈妈在一张白纸上画出"梳子"的外轮廓，让孩子用彩笔给"梳子"填上"梳齿"（练习画竖线）。

2. 爸爸妈妈在一张白纸上画出"梯子"的外轮廓，让孩子用彩笔给"梯子"填上"横杆"（练习画横线）。

3. 爸爸妈妈在一张白纸上画出"窗户"的外轮廓，让孩子用彩笔给"窗户"填上"窗框"（练习画竖线与横线）。

活动延伸

1. 除了上述提到的图形之外，爸爸妈妈也可以自己创造出其他的图形，比如横条纹的T恤、竖条纹的护栏、横竖交叉的桌布等。

2. 等幼儿到30—36个月时，可以在画画中增加圆形、方形、曲线的元素。

温馨提示

若幼儿不能完成横竖交叉的图形也不要紧，可以等孩子月龄稍大一点（30—36个月）时再进行游戏。

亲子小游戏

小松鼠捡松果

活动目标

1. 游戏中走走停停的过程能够训练孩子"行走—立定—下蹲"的粗大动作技能。
2. "捡"的动作能够训练孩子手部的精细动作技能。
3. 带有一定情节的游戏能够促进幼儿认知能力的发展。

前期准备

适合行走的场地，如家里的地板，注意避免过多障碍物或过多人群走动的地方；适合幼儿抓起的物品数个，注意不宜过大、过小或过重，可以选择海洋球、空矿泉水瓶等。

互动要点

1. 爸爸妈妈选择合适的活动场地，在场地里分散放置物品（模拟松果）。
2. 爸爸妈妈可以和孩子讲游戏的情节：在森林里面有一只快乐的小松鼠，小松鼠每天要做的事情就是到森林里面捡松果，然后将今天捡到的松果带回家。
3. 鼓励孩子也可以像"小松鼠"一样出门捡松果，然后回家拿给爸爸妈妈。

活动延伸

爸爸妈妈可以根据孩子的认知水平适当增加游戏的难度，比如今天让孩子出门"捡2个松果回家"；也可以放置大小不同的物品作为"松果"，让孩子今天"捡小小的松果回家"等。

温馨提示

游戏刚开始时，可以由爸爸妈妈带着孩子一起"捡松果"，等孩子熟练后再让其自己出门"捡松果"。

3

（二）认知方面

25—30个月的幼儿已经开始逐渐能对"大"与"小"、"多"与"少"、"上"与"下"、"长"与"短"、"前"与"后"等对应概念进行区分与认知，为了能够帮助幼儿习得相关概念，爸爸妈妈可以在家中幼儿的房间里布置一些关于"大"与"小"、"多"与"少"等概念的挂画或垫子，经常带孩子一起区分这些概念，促进幼儿的认知发展。类似的图片还可以是生活中常见的图形（圆形、方形和三角形等）、颜色（红色、绿色、蓝色等）、水果（苹果、香蕉等）、表情（开心、害怕、难过等）等符合25—30个月幼儿认知发展特点的内容，通过这种方式能丰富幼儿的认知概念，也能让家中的墙壁和地面"丰富"起来。

▲ 家里地面上铺上防滑且图文并茂的垫子

小象去哪啊

活动目标

1. 准确辨认圆形、方形、三角形等图形，培养孩子对图形的认知能力。

2. 通过连续两个动作的指令，帮助孩子理解事件发展的先后顺序，提升认知能力水平。

3. 通过重复性的游戏环节设计以及反复的语言，提升孩子参与游戏的兴趣，提高亲子的互动质量。

前期准备

圆形、方形、三角形的纸片各一张；小象玩偶一个（也可以换成其他形象的小玩具，注意要比纸片小一些）。

互动要点

1. 爸爸妈妈和孩子围坐在一起，爸爸妈妈先将三种形状的纸片放在桌面上。

2.爸爸妈妈引导孩子用"小象，小象去哪呀"的问句提问，然后爸爸妈妈回答"小象要去圆形/方形/三角形上"，孩子根据爸爸妈妈的回答将小象放在相应形状的纸片上。

3.待孩子熟悉了游戏规则后，爸爸妈妈可以将指令的难度加大，比如"小象要先去圆形上，再去三角形上"，孩子要根据爸爸妈妈的回答将小象连续移动两次。

活动延伸

爸爸妈妈根据孩子的游戏表现，还可以进一步增加该游戏的难度：增加不同颜色的圆形、方形、三角形纸片，如一张黄色、一张红色的圆形纸片，一张绿色、一张黄色的方形纸片，一张红色、一张绿色的三角形纸片，然后下达类似"小象要先去红色的圆形上，再去绿色的三角形上"等复杂的游戏指令。

温馨提示

1.游戏的难度要根据幼儿具体的认知能力发展水平设定，切忌第一次游戏时就设定很难的游戏指令，以免使幼儿对此游戏失去兴趣。

2.本游戏必须建立在孩子认识了圆形、方形、三角形的基础上。

（三）语言方面

25—30个月龄阶段的幼儿会对节奏轻快、内容简单、朗朗上口的儿歌表现出很大兴趣，还会跟随着音乐节奏"手舞足蹈"。爸爸妈妈可以给儿童播放或让儿童观看一些简单、欢快的儿歌视频音频，让孩子能够在快乐的氛围中提升语言能力。

▲ 30 个月的幼儿跟着音乐节奏做动作

是谁在唱歌

第二部分 25—30 个月幼儿的家庭教养指导策略

活动目标

1. 爸爸妈妈通过模仿各种动物的叫声，让幼儿能够分辨出不同动物的声音，提升幼儿的语音辨别能力。

2. 通过爸爸妈妈与幼儿之间的提问与回答，提高幼儿的语言表达能力。

3. 通过"是不是"的提问，让幼儿学会正确使用包含"不"字的否定句。

前期准备

各种动物形象的玩偶。

互动要点

1. 孩子和爸爸妈妈围坐在一起，妈妈说："听说今天森林里要举办一场唱歌比赛，各种小动物们都会来参加。"

2. 妈妈作为比赛的主持人："现在我们邀请今天的第一位选手登场，宝贝你先闭上眼睛听一听，是谁在唱歌？"

3. 爸爸作为参加比赛的选手，拿着一种动物的玩偶并模仿动物的叫声，比如拿着一只小狗的玩偶，唱"汪汪汪"。

4. 妈妈要来引导孩子分辨动物的声音，孩子如果说对了，要及时地鼓励孩子也模仿一下这种动物的叫声；如果孩子猜不准，可以睁开眼睛看一看并记住这种动物的叫声。

5. 重复上述的游戏环节，直到所有的小动物都登台后，比赛结束。

活动延伸

在幼儿掌握了各种动物的叫声之后，游戏的环节也可以改变为"孩子作为选手上台参加比赛"，鼓励孩子模仿各种动物的叫声。

温馨提示

1. 爸爸妈妈也可以从网上直接下载不同动物的叫声，在游戏中播放；

2. 动物玩偶可以由爸爸妈妈自制，也可以在白纸上画出动物的卡通形象，裁剪下来之后粘贴在空矿泉水瓶上。

他在做什么

活动目标

1. 通过对图片内容的描述，训练幼儿能够表达"主谓宾"结构完整的句子，提升幼儿的语言表达能力。

2. 在愉快的亲子游戏中，提供幼儿语言表达的机会，提升幼儿表达的兴趣。

3. 随机抽选不同的图片内容，培养幼儿的联想能力。

前期准备

不同人物的照片（可以是爸爸妈妈等熟悉的家庭成员的照片，也可以是卡通人物的照片）；不同事件的照片（比如牙刷代表刷牙、饭碗和勺子代表吃饭、水杯代表喝水等幼儿生活中常做的事情）。

2

互动要点	1. 爸爸妈妈把准备好的照片依次拿给孩子看，确保孩子能够准确说出照片中的人物和事情。 2. 将人物照片和事件照片放在一起，然后分别从其中抽出一张拿给孩子，让孩子根据照片内容用"主谓宾"结构的完整句子回答"他 / 她在做什么"的问题，比如"妈妈在洗澡"。如果孩子说出的句子不够完整，爸爸妈妈可以引导孩子把句子说完整；如果孩子准确把句子说完整，爸爸妈妈要及时鼓励孩子："你真棒！"
活动延伸	1. 活动中也可以根据孩子的认知水平增加更多类型的人物，比如警察、医生等，促进幼儿社会认知能力的发展。 2. 爸爸妈妈还可以根据幼儿的语言表达能力的发展水平，加入表示地点的照片（超市、公园、厨房、浴室、卧室等幼儿熟悉的生活场所），让幼儿用更复杂的句子或多个句子来表达情景中的更多细节。
温馨提示	如果幼儿不能很好地完成任务，爸爸妈妈可以先从照片中挑选简单的拿给幼儿进行练习，比如选择"爸爸"和"水杯"，引导幼儿说出"爸爸在喝水"这样简单的句子。

（四）情感与社会性方面

　　25—30 个月的幼儿开始表现出强烈的自我主张，自我意识水平增强。父母要能理解并接纳幼儿这一"反抗期"的行为变化，放手让幼儿大胆尝试，让其参与到日常生活力所能及的事情中去，如独立吃饭，穿鞋和挑选衣服等，多给予其正向的语言鼓励。

◀ 幼儿模仿动画中酷酷的人物角色

情绪脸谱

活动目标

1.训练幼儿能够区分他人不同类型的情绪，如高兴、难过、惊喜、生气、害怕、厌恶等。

2.在了解他人情绪体验的基础上，能够简单移情，如在他人难过时表示自己也很难过，促进幼儿社会性能力的发展。

前期准备

表示人物不同情绪的卡片（包括高兴、好奇、生气、伤心、惊讶等）。

 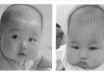

高兴　　好奇　　生气　　伤心　　惊讶

▲ 不同面部情绪的图片示例

互动要点

1.爸爸妈妈先向孩子展示不同情绪的卡片，确保孩子能够区分出不同图片代表的情绪（爸爸妈妈可以引导幼儿观察人物的眉毛、嘴角、眼睛等部位，以区别不同类型的情绪）。

2. 将情绪卡片摊开,爸爸妈妈用语言描述鑫鑫小朋友的故事,让幼儿选出对应的情绪卡片:

例1:鑫鑫今天收到了爷爷奶奶送给他的礼物——一台玩具汽车,鑫鑫的心情是什么样的?(高兴)

例2:鑫鑫最喜欢的一本图画书不小心被水打湿了,鑫鑫的心情是怎样的?(难过)

例3:鑫鑫在电视中看到了一个大怪兽好像要冲出电视机来抓他,鑫鑫这个时候心情是什么样的?(恐惧)

3. 如果孩子能够正确对应每种情况下人物的情绪,爸爸妈妈要及时肯定孩子"宝贝你真棒";但如果孩子不能够正确回答,爸爸妈妈可以先追问孩子为什么,再将故事的情节模拟在孩子自己身上,引导其体验到正确的情绪。

活动延伸

爸爸妈妈可以根据孩子社会性能力水平的发展程度,将故事变得更加复杂,以训练孩子的移情能力,比如:"鑫鑫最喜欢的玩具汽车坏了,鑫鑫感觉很难过,听到鑫鑫的遭遇,宝贝你的心情是怎么样的?(难过)"

森林法官

活动目标

1. 角色扮演游戏符合这一月龄段幼儿思维具体形象的特点,能够为幼儿提供相关情景中的具体经验。

2. 通过角色扮演游戏的方式,让幼儿能够在模拟情景中获得区分"是"与"非"的具体经验,提升幼儿对是非评价的社会性能力。

2

3.通过引导幼儿什么是可以做的事情、什么是不可以做的事情，培养幼儿从小养成良好的社会行为习惯。

前期准备

动物玩偶（可以是任何形象，这里以河马、小猫、小猴子为例）。

互动要点

1.由孩子扮演河马法官，爸爸扮演小猴子，妈妈扮演小猫。

故事的情节设定为：森林里住着一位公正的法官——河马法官，小动物们之间出现了问题都会来找河马法官评评理。

一天，小猫哭着找到河马法官来评理。

小猫："法官大人，昨天我和小狗因为一点小事情吵架了，小狗竟然咬了我一口，哼，好痛啊……法官大人你说说看，小狗做得对吗？"（引导幼儿判断具体的行为是对的还是错的）

过了一会儿，小猴子也跑过来了。

小猴子："法官大人，我有一件好事情要告诉你。我今天早上出门的时候看见山羊奶奶拿着很重的东西，于是我就帮助她拿东西送回了家。法官大人你说我做的对吗？"

3.当判断不正确的事情时，爸爸妈妈可以继续强调这样做是不对的，并引导出正确的行为；当判断正确的事情时，爸爸妈妈要强化鼓励这样的行为是正确的，并引导孩子也能够在类似的情况下做出正确的行为。

温馨提示

爸爸妈妈可以在游戏"森林法官"情节的设定基础上，自行创设更多让幼儿判断是非的故事情节。但25—30个月的幼儿的道德水平仍处于初级的水平，因此爸爸妈妈在自行创设故事情节的时候切记不要出现太复杂的情况。

三、25—30 个月幼儿的发展评价

25—30 个月的幼儿无论在动作技能上，还是在语言、认知、情感与社会性水平上都会产生很大的进步与发展。通常而言，大多数 25—30 个月的幼儿都能够达成以下表现。当满 30 个月的幼儿不能达到下述指标时，应引起家长的高度重视，必要时应及时向儿科医生或保健专家进行专业咨询。

幼儿 25—30 个月时的表现		
1. 走路时能够根据成人的指令随时立定。	是 〇	否 〇
2. 能够双脚交替上楼梯。	是 〇	否 〇
3. 能够用力将球往远处扔出。	是 〇	否 〇
4. 能够画出水平或垂直的线。	是 〇	否 〇
5. 能够比较事物的"大"与"小"、"多"与"少"、"长"与"短"等。	是 〇	否 〇
6. 能够指认生活中的圆形、方形和三角形等。	是 〇	否 〇

7. 能够说出"主谓宾"结构完整的简单句。　　　　是○　　　否○

8. 能够使用"不"表达自己的想法。　　　　　　　是○　　　否○

9. 具备简单的是非观念。　　　　　　　　　　　是○　　　否○

10. 会背诵简单的儿歌。　　　　　　　　　　　是○　　　否○

第九章
31—36个月幼儿的发展特点与家庭教养指导策略

一、动作发展

31—36个月幼儿的粗大动作和精细动作都会逐步稳定地发展，同时一些新的动作能力也会逐步形成。幼儿的这些动作能力的发展，不仅能够进一步训练和提升其自身的动作技能，为将来上幼儿园时参与丰富多彩的活动做准备，而且还能让幼儿在运动和游戏的过程中体验到愉快和自信的积极情绪。

（一）粗大动作

与25—30个月时的幼儿相比，31—36个月的幼儿在粗大动作上的发展水平又有了相当可喜的进步。大多数31—36个月的幼儿能够做到单脚离开地面站立并保持5—10秒钟的时间，同时还能够双脚同时离开地面连续地跳跃2—3次。

▲ 单脚站立　　▲ 走平衡木

31—36个月的幼儿在行走的过程中若遇到一定高度的障碍物，也能够"跨"过；在上下楼梯的时候，双脚交替得会更加灵活，上下楼梯的速度也会变得更快一些；这种双脚协调配合的灵活性同时还表现在幼儿能够沿着直线向前走，或者能够独自走过一小段平衡木。

另一方面，31—36个月幼儿的上肢动作也在逐渐进步，幼儿能够从"滚"球、"扔"球逐渐过渡到将球举起后朝一定目标"投掷"。爸爸妈妈在生活中可能经常会注意到孩子将柔软的玩具举过自己的头顶，然后朝着自己的方向扔过来，孩子的这一举动实则证明了其上肢粗大动作的发展。

31—36个月的幼儿大多数都会表现出对欢快的音乐、朗朗上口的儿歌的兴趣，并在爸爸妈妈等成人的指引和帮助下愿意跟随着音乐或儿歌跳舞。在跳舞或做操的时候，幼儿的上肢和下肢需要协调与配合，大多数这一月龄段的幼儿都能够很好地完成此类动作。

▲ 幼儿尝试跳跃　　▲ 幼儿投篮　　▲ 玩篮球
　　障碍物

（二）精细动作

精细动作的发展能够帮助幼儿参与到更多类型的游戏活动中，获得更加丰富的体验。比如31—36个月的幼儿能够用手指的力量与各个手指之间的协调配合将积木垒高，因此这一阶段的幼儿普遍会对搭积木这件事情十分感兴趣。此外，因为手部控制能力的增强，幼儿能够更好地掌握涂鸦的技能，能够在爸爸妈妈等成人的引导下画出圆形或者十字形。

▲ 幼儿拼搭积木

手部精细动作的发展直接带动了这一月龄段幼儿自理能力的提升，幼儿可以从上一个阶段中只能简单地自己解衣扣、拉拉链，逐渐学会如何穿袜子、扣衣扣，甚至有一部分幼儿已经可以独立完成穿脱简单的衣裤等。大部分31—36个月的幼儿能够自行熟练地使用汤匙吃饭，一些幼儿还会尝试着模仿大孩子或成人使用筷子。

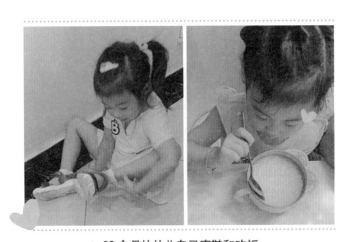

▲ 36个月的幼儿自己穿鞋和吃饭

二、认知发展

31—36个月的幼儿的认知水平相较于之前，有了很大的提升，其认知水平的发展也为幼儿本身的生活带来了很多改变。

（一）"里"和"外"的对应概念

这一月龄段的幼儿能够分辨"里"和"外"的概念，爸爸妈妈可以借由孩子的这一认知能力发展特点，让孩子能够学会辨别衣裤的"里面"和"外面"，能够在成人的指导下自己穿衣裤，培养孩子初步的自理能力，为上幼儿园做准备。生活中"里"和"外"的概念涉及的场景还有很多，比如在外面玩、逛博物馆、坐车出行等对应在家里睡觉、洗漱、看图画书等。这些概念不仅能够建立起幼儿的空间概念，还能够培养幼儿在不同场所里初步的规则意识（在公交里不能大吵大闹、在外面玩耍时不能离开爸爸妈妈的视线等）。31—36个月的幼儿大多数能够完成将一张纸"对折"的动作，爸爸妈妈可以准备单面有颜色的彩纸，通过向孩子提供复合型的任务，如"将彩纸对折起来，注意要颜色朝外哦"等，提高幼儿的认知能力发展练习的难度。

▲ 幼儿在沙滩上尝试打孔　▲ 幼儿在拼搭积木中促
进认知发展

（二）数概念

▲ 幼儿尝试钓相同品种或颜
色的鱼

在数概念方面，31—36个月的幼儿能够手口一致地从1数到5，比如可以按照爸爸妈妈的要求从盘子里拿出2个大枣。同时，这一月龄段的幼儿也已经能够开始区分"一个"和"许多"的概念，比如当爸爸妈妈手里拿着3个大枣的时候问孩子："我的手里面有几个大枣？"部分孩子会回答"3个"，也有部分孩子会回答"许多"。两种答案虽然都是正确的，但是如果孩子回答的是"许多"而不是具体数字的话，家长最好能够追问孩子"到底是几个呢"，避免让孩子的数概念仅仅局限在"一个"和"许多"上。

（三）家庭信息

31—36个月的幼儿认知能力的发展还表现在"知道爸爸妈妈的姓名、职业、家庭住址等简单、基本的家庭信息"等方面，当幼儿被他人问道："你爸爸/妈妈叫什么名字？""你们家住哪呀？"大多数信息都能够准确地被回答。

（四）简单的常识

31—36个月的幼儿会在生活中累积有关常识的经验，如太阳早上升起、下午落山、天气偶尔会放晴、偶尔会下雨等。大多数31—36个月的幼儿已经能够分清楚春、夏、秋、冬四个季节，并知道四个季节的特点，比如夏天很热、冬天很冷，夏天穿短袖T恤和短裤、冬天穿棉服和棉鞋等。爸爸妈妈可以在不同季节里给孩子拍一些照片，通过照片让孩子想起并理解每个季节的不同特点。

▲ 秋天捡不同的落叶

▲ 春天摘草莓

3 岁之前的记忆去哪儿了

对每一个人来说，3 岁以前都是非常重要的发展时期。我们的大脑、身体的各个器官都在快速发育，然后渐渐学会走路、说话和记忆，但很多人都难以回想起这段宝贵的时间，在心理学上有个专用名词，叫童年失忆症（childhood amnesia），即大部分人对于自己 3 岁以前的生活几乎没有记忆。目前科学研究的解释主要有以下两种：

第一种：大脑的记忆主要取决于大脑皮层、海马区和杏仁核等部位，其中起关键性作用的当属海马区，它能够和大脑皮层进行临时的信息交流，甚至控制大脑皮层的一些区域放出记忆片段。但由于在婴儿期，大脑发育不完善，同样起核心作用的海马区也发育得不够好，就导致我们很难记忆 3 岁以前的事情，即使记住了一些东西，也会很快忘记。

第二种：在人刚诞生时，脑内大约有上千亿个神经元，神经元之间又通过突触（记忆和突触数量有着密不可分的关系）相互连接，形成一个巨大的网状结构。随着年龄的增长，突触的数量会出现先急剧增长，然后下滑的趋势，急剧增长导致突触数量达到巅峰后，促使大脑"剔除"一些突触（这个过程叫作突触修剪）。这一过程会使很多被储存的记忆信息消失，这一现象在 3 岁以前尤其明显。

三、语言发展

细心的爸爸妈妈可能会意识到，31—36 个月的幼儿十分喜欢与他人进行对话，总是喜欢围绕着某个主题问一些"是什么""为什么""谁""在哪里"的问题。幼儿喜欢问问题不仅是因为认知水平的提高使其对周遭的一切事物都十分好奇，而且还是语言能力发展的表现。

（一）能够说出比较复杂的句子

与上一个阶段相比，31—36 个月幼儿的语言表达能力又在不断发展中取得了新的进步，表现在幼儿说出的语句变得更加复杂，能够说出包含七八个甚至更多词的句子，比如"昨天爸爸带我去了游乐园开小火车"。还有一部分语言能力发展比较突出的幼儿表述的句子里也会出现如"如果""但是"等这样表示假定、转折的连接词，比如"我想看电视，但是妈妈不同意"。

▲ 幼儿跟着爸爸在游乐场开小火车

31—36个月的幼儿也能够尝试将多个句子组合起来描述自己生活中发生过的一些事情，比如妈妈让孩子跟自己讲一讲昨天和爸爸一起去游乐园都经历了什么，孩子可能会描述道："昨天爸爸带我去游乐园开小火车，我握着方向盘，嘟嘟嘟，火车开走了，好开心。我和爸爸玩了很长时间。"

亲职大学堂

孩子说话时口吃怎么办

来自家长的困惑

乐乐已经快满3周岁了，乐乐周围其他同龄的孩子都已经能够很流畅地说话了。乐乐的爸爸妈妈却发现自己家的乐乐说话不"利索"，经常是在刚说出一个字的时候就要卡一下，比如"爸……爸爸我喝水""今……今天玩得很开心"。乐乐的爸爸妈妈为此很焦虑，心里想自己的孩子是不是语言发展有问题？万一真是"口吃"怎么办？

专家解答

口吃是一种言语节律异常的语言障碍，常见于2—3岁的幼儿，通常表现为发音或单词的重复、停顿或延长，这种语言障碍会影响幼儿说话的流畅性。大多数情况下，造成口吃的原因是语言能力发展不足或语言能力与其他能力发展不平衡，通常随着幼儿年龄的增长，出现口吃的次数也会减少，爸爸妈妈对此无需过于担忧。

那么如果自己的孩子说话不流利该怎么办呢？为了能够帮助自己的孩子减少口吃现象，爸爸妈妈最好可以做到以下几点：

（1）避免给孩子贴上口吃的标签。

对于大多数2—3岁的幼儿来说，出现说话不流利、类似口吃的现象可能只是幼儿语言发展过程中正常的语言现象。数据统计结果显示大约有10%—15%的幼儿都会出现口吃现象，但只有不到1%的幼儿会在成年后真正发展成口吃。所以爸爸妈妈千万不能够轻易地给自己的孩子贴上口吃的标签，一旦孩子被贴上了标签，很可能会在说话前出现紧张害怕的心理，产生口吃的心理预期，这种不良影响若伴随孩子至长大成人，就极有可能导致真正的口吃。

（2）给孩子充分的表达机会。

31—36个月的幼儿通常都具有非常强烈的自我表达愿望，有时候他们的脑子转得很快，但是由于语言能力的发展相对滞后，在表达的时候就会出现断断续续、磕磕巴巴的现象。面对这种情况时，爸爸妈妈首先要做的就是"无需采取任何行动"，只要做到耐心倾听就可以了。如果爸爸妈妈表现得很着急、在孩子说话的时候不停地打断，让他们"再讲一遍"，会给孩子的心理带来很大的压力，导致恶性循环，让孩子对自己的语言表达越来越不自信，从而更容易出现口吃的现象。

（3）为孩子树立良好语言表达的榜样。

爸爸妈妈是孩子日常生活中的模仿学习的榜样，孩子很多能力的发展都是在模仿爸爸妈妈的行为中发展的。所以当孩子出现了类似口吃的现象时，爸爸妈妈要注意自己在与孩子说话时可以适当地放慢速度，做到语调平稳、吐字清晰，给孩子树立起一个好榜样。另外，爸爸妈妈还要有意识地给孩子创造一个良好的语言环境，比如可以和孩子多进行一些亲子共读活动，给孩子朗读一些优美、流畅的诗歌和故事，让孩子能够体会到语言连贯、优美的特点。

但是这里也需要爸爸妈妈格外注意，如果自己孩子的口吃现象在多种努力下依旧没有好转，并且出现了加重或者伴随多余动作，要及时带孩子去医院做专业检查，配合医生进行语言矫正治疗。

（二）早期阅读能力

随着幼儿的语言理解能力和表达能力的提高，爸爸妈妈可以和孩子进行更加深入、生动的亲子阅读活动。31—36个月的幼儿在听完爸爸妈妈讲的故事后，通常都能够准确地说出故事的主人公是谁，还能简要复述出故事的大概情节。爸爸妈妈可以在阅读活动中根据图画书的内容对孩子进行提问，如："这个故事里面都有谁呀？""这个故事里都发生了什么事情？""主人公做完一件事之后又去做了什么？"这样的互动环节能够有效提升亲子阅读活动的质量。

▲ 幼儿阅读图画书

（三）学会使用一些礼貌用语

31—36个月幼儿的语言能力、社会性能力水平都会有进步与发展，因此会习得特定的礼貌用语，这些礼貌用语包括"请""谢谢"等。幼儿不仅能够理解这些礼貌用语的含义，也能够知道应该如何使用这些礼貌用语，比如在受到他人帮助的时候（如在地铁里面有叔叔把座位让给幼儿）要说"谢谢"；再如幼儿在需要成人帮助的时候（如拿不到高处的东西让成人帮忙）要说"请"。爸爸妈妈在这一阶段也要教会孩子正确使用这些礼貌用语，从小培养孩子"懂礼貌"的好习惯。

四、情感与社会性发展

（一）自我控制与自我调节

随着情绪与社会性方面能力的进一步发展，31—36个月的幼儿已经具有了一定程度的自我控制能力，能够按照爸爸妈妈等成人的意愿和要求做出某种行为，甚至还会通过某种策略，如分心、寻求安慰、回避刺激、外部语言等抑制自己做出某种行为。比如当妈妈驳回了孩子希望延长看电视的请求并关掉电视

◀ 幼儿有自己喜欢的动物

机时，为了控制自己心中沮丧的心情，孩子可能会通过玩玩具（"分心"策略）、离开有电视的房间（"回避刺激"策略）、自言自语"明天再看电视"（"外部语言"策略）等方式来进行自我调节。

心理小链接

延迟满足与幼儿的自我控制

20世纪60年代，美国斯坦福大学心理学教授沃尔特·米歇尔设计了一个著名的关于"延迟满足"的实验。这个实验考察幼儿面对棉花糖能坚持多久不吃掉。研究人员将幼儿放在一个单独的房间，在幼儿面前的桌子上摆上棉花糖，对幼儿说"如果你想吃，可以吃，但是吃完就没有了；如果能坚持到研究人员再次回来还没吃，将会多得到一份棉花糖"。结果大多数的3岁幼儿坚持不到3分钟就放弃了，但是有少数幼儿非常努力克制自己的行为，通过转移注意力，如捂住眼睛、背转身体、唱歌、拉自己的头发等，坚持等到了额外的奖励。

延迟满足的实验考察的是幼儿早期的自我控制能力，反映幼儿在面临诱惑时，能否为更有价值的长远结果而控制自己的即时冲动，放弃即时满足的抉择取向，以及在等待中展现的自我控制能力。延迟满足不仅是幼儿自我控制的核心成分和最重要的技能，也是幼儿社会化和情绪调节的重要成分，更是伴随人终生的一种基本的、积极的人格因素，是幼儿由幼稚走向成熟、由依赖走向独立的重要标志。

（二）帮助他人

当幼儿的自我意识和社会性水平发展到一定程度时，会普遍出现帮助他人的亲社会行为。这一月龄段的幼儿喜欢在家里帮助爸爸妈妈做点家务活，比如整理书刊、叠衣服、扫地等。幼儿的帮助行为是亲社会行为的最初起源，发展幼儿的亲社会性行为有助于提升幼儿的社会性能力水平，对个体未来的社会化以及成长十分重要。

在日常生活中，有些爸爸妈妈会觉得孩子太小总是会"帮倒忙"，所以经常拒绝孩子想要帮忙做事情的想法。这样的做法实际上并不可取，相反地，只要孩子表现出了帮忙的兴趣，爸爸妈妈就应该尽量放手让孩子尝试做。

▲ 幼儿因帮助妈妈叠衣服而受到夸奖　　▲ 幼儿帮妈妈做家务

（三）自理能力

31—36 个月通常是幼儿自理能力发展，尤其是良好生活习惯初步形成的关键时期，良好的生活习惯以及一定的自理能力也会为幼儿未来幼儿园的集体生活打下基础。大多数这一月龄段的幼儿都能够做到按时上床、安静入睡，能够用小勺自己吃饭，会尝试自己穿脱衣裤，自己洗漱，主动如厕，上下楼梯时具有保护自我安全的意识，等等。为了能够帮助孩子养成良好的生活习惯、培养基本的生活自理能力，爸爸妈妈要在生活中有意识

▲ 36 个月的幼儿主动选择饰品装扮自己

地对幼儿的如厕、穿脱衣裤、进餐习惯、卫生习惯、睡眠习惯、安全意识等行为和习惯加以训练，并且要以身作则，成为孩子模仿学习的榜样。

▲ 幼儿自己穿脱衣物　　　　　　▲ 幼儿刷牙

幼儿自理能力培养中的常见问题

育儿
小百科

每年九月份，新的小班幼儿步入幼儿园，总是有一小部分孩子的自理能力水平较差，必须在幼儿园老师的帮助下才能够穿脱衣服，吃饭的时候一定要老师喂饭，甚至还有一些幼儿不会表达自己如厕的需求，经常性地尿裤子……自理能力水平较差的幼儿不仅难以适应即将到来的幼儿园集体生活，而且相关研究也表明了自理能力差的幼儿往往对待事物会更多采取回避和依赖的态度，缺少独立探索的积极性，长久下去会对整个人生未来的发展产生深远的消极影响。

因此，对于马上要上幼儿园的2—3岁幼儿来说，掌握初步的自理能力是社会性发展的一个重要目标。然而在实际的家庭教育中，爸爸妈妈可能会因为这样或那样的原因忽略了幼儿自理能力的培养，下面列举了家长在培养幼儿自理能力时常遇到的问题。

（1）家长缺乏培养孩子自理能力的意识。

很多时候，家长——尤其是爷爷奶奶等祖辈会对自己的孩子十分溺爱，希望自己能够为孩子提供生活上的舒适与便捷，导致了家长在孩子的日常生活照料上一味地事事代劳。缺乏对孩子自理能力培养的意识也会反过来导致幼儿自身观念的认知偏差，可能会使幼儿认为爸爸妈妈帮自己穿衣、喂饭、洗漱等事情都是理所应当的，久而久之必然会养成孩子对家长的依赖，孩子心中的独立意愿也会慢慢消失，错过了养成自理能力习惯的最佳时机。

（2）家长对孩子自理能力的练习缺乏耐心。

家长经常认为孩子自己一个人吃饭会吃得满地都是、不好收拾，就直接拿过小勺子开始给孩子喂饭。类似的现象屡见不鲜，很多爸爸妈妈、爷爷奶奶会认为孩子太小，在自我照料的过程中总是动作慢、质量差，这在无形中给自己增添了麻烦，所以不如自己帮孩子"包办代替"做好，等孩子长大了自然也就会做好了。但是实际上，家长的这种缺乏耐心的表现不仅会剥夺孩子锻炼自理能力的最好机会，还会让孩子对自我照顾失去兴趣，严重影响其自理能力的正常发展。

（3）家长忽略了对孩子自理技能的具体指导。

2—3岁幼儿的认知能力和经验水平都十分有限，因此对成人而言一些无需作过多解释的行为在幼儿看来可能是极具挑战性的，比如大多数成人会认为穿衣服前要先将衣服区分里外是一件很"正常"的事情，但是对于孩子来说，他们可能并不具有类似的经验，见到袖子就直接把手伸进去，导致经常会出现"衣服穿反"的现象。对此，爸爸妈妈在培养幼儿的自理能力时，千万不要忽略了对幼儿自我照顾的技能进行详细、具体的示范与解释，要告诉孩子应该要怎么样做、应该注意哪些细节，等等。

与此同时，爸爸妈妈还应该注意在日常生活中多多为孩子们提供练习的机会，并在练习的过程中给予幼儿必要的提示与鼓励，在一点一滴中培养幼儿的自理能力。

（四）同伴交往

幼儿早期的同伴交往对幼儿的情绪与社会性发展具有很重要的意义，具有不可替代的特殊性与重要性，甚至还能够建立起长期且稳定的早期友谊。

对此，爸爸妈妈要能够给自己的孩子创造更多同伴交往的机会，比如经常性带孩子去同龄小朋友家串门、带孩子到早教中心或者社区里结识新的朋友等。爸爸妈妈还要有意识地培养孩子的同伴交往策略，如模仿其他小朋友、和其他小朋友合作完成任务等，培养孩子的社会性能力。幼儿在进行同伴游戏的过程中难免会有发生冲突的时候，这种情况下爸爸妈妈可以考虑适时地介入游戏，帮助孩子通过协商、轮流、妥协等方式解决问题，使得游戏更顺利地进行下去。

▲ 幼儿和其他小朋友友好地相处

幼儿的社交退缩

社交退缩是指幼儿在熟悉情景或陌生情景中表现出来的各种独处行为，具体表现为不与他人交往、无所事事、打发时间、独自游戏等。幼儿的社交退缩可以分为四种类型：不擅社交（unsociable）、被动焦虑（passive-anxious）、积极孤独（active-isolated）以及悲伤／抑郁（sad/depressed）。

（1）不擅社交型的幼儿被他人忽视且孤独行为水平高。这类幼儿不愿意与同伴交往，喜欢自己独处，这可能与他们先天敏感及退缩的气质有关，如性格比较孤僻，但是并不害怕与他人交往，只是交往动机比其他幼儿低。

（2）被动焦虑型的幼儿具有羞怯、焦虑以及自我隔离的特点。这类幼儿处于趋避动机的冲突中，他们趋近动机较高，同时回避动机也高，因此，他们希望和同伴一起玩，但经常压抑自己与同伴交往的想法，自主与同伴疏离。这类幼儿并不受到同伴排斥，其社交退缩很大程度上受自身强迫性焦虑想法的影响。

（3）积极孤独型的幼儿通常积极参加同伴交往活动，但是经常受到同伴的拒绝，最终不得不从同伴交往活动中退出。这类幼儿较多表现出行为不成熟、缺乏自我控制能力，容易愤怒。如果在成人的积极引导下，这类幼儿的社交能力可以得到提高，如随着年龄的增长，习得社会交往规则，控制自己的冲动情绪。

（4）悲伤／抑郁型的幼儿表现为不成熟、胆小、自我孤立。此类幼儿对自己和同伴以及社会环境持消极看法。他们具有社交困难，经常被同伴拒绝，不受欢迎。

一、31—36 个月幼儿的养育建议

（一）生长保健

31—36 个月时，宝宝的脑重已接近成人脑重的范围，生长发育速度开始变得缓慢。30 个月时，男性幼儿身高范围可达 86.3—109.4 厘米，体重范围为 10.61—20.64 千克，头围范围为 45.7—53.5 厘米。女性幼儿身高范围为 85.4—108.1 厘米，体重范围为 10.23—20.10 千克，头围范围为 44.8—52.6 厘米。这一阶段内，随着"婴儿肥"的消失，幼儿的脖子显得更长了，身体姿态更加挺直，之前鼓出来的小肚子也几乎消失了。此时，幼儿的腿比手臂长得更快，这使得他们长得更高更瘦，更加接近成人的体型。

（二）喂养保健

宝宝 3 岁左右的时候，大多都具有一些特殊的进食心理，比如他们喜欢吃味道鲜美、颜色鲜艳的食物，不喜欢颜色暗淡的、黑乎乎或滑溜溜的食物。因此，家长在给宝宝烹调食物时不仅要考虑宝宝的消化功能，为宝宝提供均衡的营养，还要照顾孩子的心理特点，注意食物的色、香、味，以提高宝宝的食欲，避免宝宝养成偏食、挑食或者不爱吃饭的习惯。

3 岁宝宝的一日食物摄入量：

谷类每日摄入量 150—180 克，如各类米、面等粗细粮食品；豆腐或豆制品每日摄入量 25—50 克；鸡蛋 1 个；奶类每日摄入量 250—500 毫升，如果宝宝不喜欢喝牛奶，也可以用豆奶、豆浆、酸奶等补充；肉类每日需摄入 40—50 克，包括猪肉、鱼肉、鸡肉及动物内脏等；绿叶蔬菜每日摄入 100 克，其他蔬菜 50—100 克；水果每日摄入量 50—100 克，可以根据季节选用不同品种，注意有些易上火的水果应控制宝宝的食用量，如：荔枝、龙眼、桔子等。

每个宝宝生长发育的水平不同，每日所需要摄入的食物量也各不相同，家长不必过分精细地控制宝宝的食物量，不要摄入过多或过少即可。

如何应对幼儿的秩序敏感期

磊磊马上就快3岁了，平时晚上吃饭时，习惯坐在爸爸和妈妈的中间。可是今天家里来了客人，爸爸妈妈给他换了一个位置，也做了许多他平时不常吃的饭菜。发现变化后，磊磊就开始哭，边哭边喊："我要跟平时一样吃饭！"爸爸妈妈一个劲儿地开导："今天家里来了客人，我们就这样吃一顿饭，你看这有你最爱吃的肉丸呢。""不行，我就要坐之前的位置！"磊磊一直哭闹着不肯吃饭。最后爸爸妈妈都没办法，只好把他换回原来的位置，磊磊才算安静下来。磊磊的倔强和执拗让妈妈头疼不已，不知道要怎么改变他这种性格。

3岁左右的孩子正处于秩序敏感期，他们喜欢坐固定的位置，按照固定的进餐顺序吃饭，使用固定不变的餐具，甚至吃固定不变的饭菜。如果突然改变孩子的饮食习惯，会令孩子感到不安和焦虑，他们可能会尖叫、发脾气、大哭大闹，甚至拒绝吃饭。这一阶段家长首先要充分理解和尊重孩子的秩序感，进餐时尽量给孩子提供符合他进食习惯的环境。当孩子因为已经习惯的或者头脑中预期的进餐秩序受到破坏而哭闹时，家长要理解孩子对于秩序的强烈要求，并耐心地处理问题。通常情况下，"重来一次"是很有效的解决对策，如果因为条件限制无法"重来"，家长要做好解释工作，可以通过拥抱、讲孩子能听懂的道理，或者转移孩子的注意力、寻找替代目标等方法平息孩子失控的情绪。

爸爸妈妈还可以利用孩子的秩序敏感期，帮孩子建立规律的作息秩序和良好的生活习惯，比如按时吃饭，将碗筷摆放整齐等。利用好孩子的秩序敏感期可以让孩子受益一生。

适合 31 — 36 个月宝宝的食谱

果香拼盘

功效：香气四溢，营养丰富，爽滑可口，适合3岁以上的孩子食用。菠萝含有丰富的维生素C和矿物质；胡萝卜含有胡萝卜素，有调节新陈代谢、增强人体免疫力的作用；山药能健脾润肺；芦笋、黄瓜含有丰富的维生素C、维生素E、锌等。营养全面，能激发孩子的食欲。

原料：菠萝一只，山药、胡萝卜、芦笋、黄瓜、西兰花、番茄适量，盐、糖等适量。

做法：

1.将菠萝去皮，一切为二，挖空后待用。

2.山药、胡萝卜去皮切片，芦笋、黄瓜切成条。

3.将番茄去皮后切片，西兰花洗净后烫熟，备用。

4.油锅烧热后，放入山药、胡萝卜、芦笋、黄瓜翻炒，熟后调味、勾芡，倒入盘中的菠萝内，最后以西兰花、番茄围边即可。

鱼香火腿卷

功效：色泽鲜亮，加上鱼肉鲜嫩，口感独特，小朋友非常喜欢。青鱼中的蛋白质和不饱和脂肪充足，维生素和矿物质含量丰富，具有健脾开胃、滋补肝肾的作用。鱼的鲜香加上火腿的味道，非常特别。

原料：青鱼中段500克、冬笋100克、火腿100克，番茄、西兰花适量，葱、姜、油、盐、胡椒粉、水、淀粉少许。

做法：

1.青鱼洗净去皮，切成片，加入盐、胡椒粉、水、淀粉、姜片腌制约30分钟，备用。

2.将冬笋、番茄、火腿、葱切成丝。

3.将冬笋丝、番茄丝、火腿丝包卷在鱼片中，外用葱丝打结，上笼蒸约5分钟；蒸熟后取出，淋上油、芡汁；最后用西兰花、番茄围边即可。

糟香三丝

功效：色泽翠绿，口味鲜香。利用江南特有的糟溜法烹制，能让孩子乐于接受平时不太喜欢的蔬菜。鲜嫩的荷兰豆营养成分丰富，冬笋含有丰富的矿物质，香肠的蛋白质含量丰富。荤素搭配，营养互补。

原料：荷兰豆500克、冬笋100克、香肠100克，油、盐、水、淀粉、糖、糟卤适量。

做法：

1. 将荷兰豆、冬笋、香肠切丝。

2. 油锅烧热后，放入三丝煸炒，加少许水、盐、糖、糟卤，烧开后用淀粉勾芡；装盘后淋上少许熟油即可。

（三）日常护理

室内空调

▲幼儿在室内玩耍

31—36个月的宝宝皮肤薄嫩，皮下脂肪少，毛细血管丰富，体温调节中枢尚未发育完全。如果使用空调不当，又缺少室外活动，很容易导致宝宝的体温调节中枢和血液循环中枢失去平衡，引起上呼吸道感染、食欲不振等病症。因此，平日里家长要正确使用空调，如定时清洗空调过滤网，以免过滤网里的灰尘细菌被吹到屋子里，对宝宝的呼吸道造成刺激；不要为了贪凉将温度调得过低，保持在26—28摄氏度是最合适的，并且3小时左右就要开窗通风换气；在空调房内，家长在宝宝运动玩闹停止后或者睡觉时要注意及时给宝宝增减衣物。此外，家长一定要注意在孩子运动后要把身上的汗擦干才可以吹空调，否则很容易受凉生病。

户外运动

宝宝在31—36个月时，家长应保证每天有适当的户外运动，既能增进孩子的食欲，保证睡眠质量；又能够促进血液循环，加速新陈代谢，使骨骼组织供血增加，促进骨骼生长发育。在带孩子外出活动时，家长要做好外出准备，给宝宝换上合适的鞋服。

孩子在室外跑跳玩耍难免会出一身的汗，但是到了傍晚，可能会突然起风或者气温下降，穿衣服少的宝宝就容易受凉感冒。所以，带宝宝到户外游玩时，家长要记得多备上一件外套。

此外，31—36个月的宝宝喜欢跑跑跳跳，家长务必要给宝宝准备一双非常舒适的鞋子，既有良好的透气性能，可以把汗水和热气排出去，又需要有防滑鞋底，让宝宝在户外运动时更安全。

▲ 幼儿穿运动服饰参加亲子活动

▲ 幼儿在户外玩球

适当防晒

许多家长会认为只有夏天才会需要防晒，其实无论阴晴，一年四季都需要做好防晒措施。尤其是春季阳光中的紫外线会骤然增多，如果这时候处在阳光直射下，人体会受到紫外线的伤害。3岁左右的宝宝皮肤娇嫩，一不小心就会晒伤或者会引起一些皮肤炎症。因此，家长带孩子户外运动应尽量避开太阳直射的正午时间，要给宝宝做好防晒措施，如戴一顶防晒的小帽子，或者涂

▲ 幼儿在成人的保护下在海边玩耍

上宝宝专用的防晒霜。另外，宝宝在阳光下活动的时间不宜过长，一般30分钟

就需要在阴凉的地方休息一下，并要及时给宝宝补充水分。

▲ 夏季给幼儿戴防晒帽

防蚊虫

31—36个月的宝宝皮肤依然娇嫩，很容易被蚊虫叮咬，导致过敏、瘙痒，严重的时候甚至会因此患病。所以爸爸妈妈带孩子去草坪上露营，或者去河边、公园的树林里游玩时，记得给宝宝提前喷洒上花露水或者驱蚊液。

（四）疾病预防与护理

近视或弱视

宝宝36个月时应该进行视力检查。据统计，我国大概有36%的儿童有弱视的情况，并且家长和自己都没有发觉。如果在3岁时进行视力检查时发现弱视，此时治疗效果最好。

许多家长认为孩子还这么小，怎么可能近视，其实这种想法是错误的。一旦宝宝出现视力模糊的情况，家长要及时带宝宝到专业医院进行散瞳验光，判断孩子是真性近视还是假性近视。

如果只是假性近视，那只要平时监督宝宝正确用眼，不长时间看电子产品或者书本，保证用眼卫生，适当休息和治疗就可以恢复正常视力。平日里可以给宝宝适当补充富含钙、锌，及各类维生素的食物。

如果宝宝确诊为真性近视，且近视在100度以上时，必须让宝宝戴眼镜来矫正视力，平时不要随意摘戴，要保证眼睛处于正视眼状态。

暑热症

暑热症是指3岁以下宝宝特有的一种季节性疾病，多发病在炎热的夏天。

宝宝的中枢神经系统发育不全，汗腺功能不足，在天气炎热时仍出汗较少，不容易散热，导致体温调节失效而患上暑热症。在发病期间，宝宝的体温会达到38—40摄氏度，而且气温越高，体温也会越高，发热期可持续1—3个月，当天气转凉时又会自然下降。除此之外，还会表现为口渴多尿、出汗较少或者不出汗。

如果家长发现宝宝出现体温升高，但是精神状态比较好，可以带宝宝到凉爽的环境呆一会儿，以降低体温，或者采用温水浴给宝宝沐浴降温。3—4天后，如果宝宝热度不退，则应及时带宝宝去看医生。

为了预防暑热症，家长平时要注意给宝宝穿透气性良好的衣物，保持室内凉爽通风，也可以在夏天给宝宝准备几道清凉辅食，不仅美味还能清凉消暑。

夏日清凉辅食食谱

麦冬粥

材料：麦冬、粳米、冰糖。

步骤：

1. 将麦冬洗净，放在砂锅内，加水上火煎出汁，取汁待用。

2. 锅内加水，烧沸，加入洗过的粳米煮粥，煮至半熟，加入麦冬汁和冰糖，再煮开成粥，即可。

荷叶冬瓜汤

材料：荷叶、冬瓜。

步骤：

1. 取嫩荷叶1张剪碎，鲜冬瓜500克切成薄片。

2. 加水1公斤煮汤，汤成后去荷叶加食盐少许即可。

绿豆百合

材料：绿豆、百合。

步骤：

绿豆浸泡数小时，洗净再加水煮，再加百合，冷却后即可食用。

（五）安全

烫伤

据统计，烧伤和烫伤已经成为导致 1—3 岁宝宝意外死亡的第三大原因。31—36 个月的宝宝活动能力极强，且好奇心旺盛，他们喜欢探索家里的每一个房间和每一个角落。尤其是夏天时，宝宝穿着衣物比较薄和少，皮肤裸露在外比较多，一旦遭遇烧伤和烫伤后果会更加严重。因此，家长一定要特别留意厨房"重地"，加强防护，防止宝宝被烧伤和烫伤。在煮饭时，尽量不要让宝宝溜进厨房；家里的烧水壶、熨烫机、烤箱等加热电器都要尽量放到宝宝无法触碰的位置。此外，在吃饭时家长也要留意尽量让宝宝远离汤碗，食物吹凉或放凉后再给孩子，以免烫伤。

走失

▲ 幼儿佩戴智能定位手表出门

3 岁左右的宝宝活泼好动，家长带他们出去玩的时候很容易一不留神就与孩子走失，因此，父母不仅要在带宝宝出行时时刻警惕，也要教会宝宝一些防走失的知识。首先，家长要时刻让孩子处于自己的视线范围内，千万不要只记得玩手机或做其他事情而忘了孩子的存在。其次，可以给宝宝穿颜色比较鲜艳的衣物，一旦宝宝在人较多的商场或景区里离开了父母身边，显眼的衣服可以提高家长发现自己孩子的几率。此外，可以给宝宝佩戴带定位功能的智能手表，一旦走失可以利用定位寻找。最后，家长要教会宝宝一些走失后的应对策略，如一旦与父母走失，就站在原地不动，不要随便走动，也不要蹲着或坐下来。或者训练孩子记住父母的名字以及电话，并在日常生活中教育孩子如果走失可以找警察或者工作人员求助，不能随便相信陌生人，更不能随便跟陌生人走。

二、31—36 个月幼儿的教育建议

（一）动作方面

31—36 个月幼儿的手部精细动作能力正在稳健发展，幼儿能够利用手指拿

起或者捏起很小的物品，加之幼儿对事物的好奇心，经常会出现幼儿误食小东西的现象。因此，爸爸妈妈一定要管理收纳好生活中的小用品，比如纽扣、螺丝螺母、小件装饰、药品等，避免幼儿在缺乏分辨能力的情况下误食，造成危险。此外，爸爸妈妈为幼儿选择玩具的时候也要格外注意玩具是否有容易被拆卸、容易脱落的零件，并定期检查家中的玩具是否有螺丝松动的地方等。

◀ 幼儿拆卸玩具的零部件

投球小能手

活动目标

1. 练习"投掷"的动作，训练幼儿粗大动作能力的发展。
2. 通过将球或其他物品准确地投入某个地方，锻炼幼儿的手眼协调能力。
3. 游戏中爸爸妈妈的鼓励能够让幼儿体验乐趣与成就感，促进幼儿喜爱并积极参与亲子游戏互动。

前期准备

2个大小相等（或类似）的纸箱，每个纸箱上面开一个直径20厘米左右的洞；一个空心球。

互动要点

1. 爸爸妈妈将两个纸箱放在孩子前面，然后在大概距纸箱15厘米左右的地方设定一条横线。
2. 让孩子站在横线的后面，让孩子根据指令将球投入到相应的纸箱中。
3. 如果孩子准确投入球，爸爸妈妈要拍手鼓励孩子"真棒"，如果孩子没有准确投入球，爸爸妈妈可以让孩子捡回球后继续投，直到准确投入后再更换指令。

| 活动延伸 | 1. 爸爸妈妈可以根据孩子的表现调整难度，如果孩子很难投准，那么可以减少孩子与纸箱之间的距离，如果孩子很轻松投准，也可以增大孩子与纸箱之间的距离。
2. 有条件的家庭还可以手工制作一个小"篮筐"贴放在墙上，训练孩子的投掷能力。 |
| 温馨提示 | 若家里面没有大小合适的纸箱，也可以使用口径合适的玩具筐、洗脸盆、水桶等其他替代物；没有空心球的话，也可以使用大小合适的毛绒玩具、小纸盒等其他替代物。 |

小松鼠捡松果 2

活动目标	1. 通过提升小松鼠"回家"的难度，训练幼儿"沿直线走""跨过障碍物"的粗大动作。 2. 通过减小"松果"的大小，进一步提升幼儿"拾起""捡起"的精细动作。
前期准备	一根足够长的细绳用于在地面上做标记；大小合适的地面"障碍物"，可以是小木棍、毛绒玩具等；适合幼儿"拾起"或"捡起"的物品数个，可以选择瓶盖、积木块等。
互动要点	1. 爸爸妈妈将细绳放在地面上，让幼儿在"回家"的时候沿着这一条"林间小路"走回来。 2. 爸爸妈妈在孩子"回家"的路上放置大小合适的毛绒玩具作为障碍物，让孩子跨过障碍物之后"回家"。
活动延伸	1. 游戏的难度可以根据幼儿的表现逐步增加，如果幼儿能够在现有难度水平下表现得很好，爸爸妈妈还可以设置"跳格子""走一小段平衡木"的环节，训练幼儿单

2

足立定跳、感统协调的能力；

2. 爸爸妈妈也可以根据孩子的认知水平适当增加游戏的难度，比如今天让孩子出门"捡5个松果回家"；也可以放置大小不同的物品作为"松果"，让孩子今天"捡1个大松果和1个小松果回家"等，促进幼儿认知能力的发展。

温馨提示

游戏用到的道具以生活中常见易取的物品为主，如"障碍物"的选择还可以是拖鞋、晾衣杆、抽纸等。

（二）认知方面

31—36个月幼儿的认知能力有了显著的提高，家庭环境的创设应该为幼儿提供丰富的感知活动材料和多样化的活动内容，鼓励幼儿在宽松自由的氛围中大胆尝试。家长可以经常参与并耐心地对幼儿的问题作出回应，如幼儿在研究某个物品时，可以在旁边适时地进行语言的引导，询问幼儿"你在看什么，你觉得摸起来感觉怎么样"。家长还可以为幼儿提供不同尺寸、不同颜色或者不同形状的物品让幼儿进行分类与比较。以串珠材料为例，珠子的孔要有大有小、绳子也要有粗有细，让幼儿可以依据需要自由选择。

▲ 数积木的数量

▲ 幼儿探索玩具的操作和玩法

▲ 与妹妹一起玩磁力片

宝宝坐公交车

活动目标

1. 通过动物宝宝们上、下"公交车",让幼儿能够区分"公交车里面"和"公交车外面"的认知概念。

2. 通过动物宝宝们上、下"公交车"后"公交车"里面和"公交车"外面小动物数量的变化,训练幼儿手口一致数数的能力。

3. 通过动物宝宝们上、下"公交车",初步建立起幼儿在乘坐公共交通时要遵守一定秩序的意识,促进幼儿社会性的发展。

前期准备

1个大小适中的、没有盖子的长方形纸箱;5个动物玩偶。

互动要点

1. 爸爸扮演"公交车"司机,将由长方形纸箱做成的公交车开到车站。

2. 妈妈负责"旁白",给孩子下指令,比如"小猴子宝宝和小兔宝宝上车啦",然后让孩子将相对应的动物玩偶放在"公交车"里。

3. 妈妈可以趁机询问孩子:"现在公交车里面有几个动物宝宝? 外面呢?"并引导孩子用手指着数数的方式回答提问。

4. 爸爸把公交车开一圈后又回到车站,妈妈可以配合下指令"小猴子宝宝要下车了,然后小猫宝宝和小狗宝宝上来啦",待孩子放置好玩偶后询问孩子:"现在公交车里面有几个动物宝宝? 外面呢?"如此反复进行。

活动延伸

游戏中妈妈下达的指令还可以根据孩子的表现变得更加复杂一些,可以加上"前""后"的概念,比如"小狗宝宝上车啦,他坐在了小兔宝宝的前面"。

温馨提示

游戏中涉及的道具都可以由爸爸妈妈自制,比如动物玩偶可以是用白纸画出动物的卡通形象,裁减下来之后粘贴在空矿泉水瓶上。

四季服装店

活动目标

1. 让幼儿能够通过游戏对春、夏、秋、冬四个季节的特点更加清晰,获得四季各不同的认知概念。

2. 游戏中涉及到大量幼儿与爸爸妈妈之间的对话,也可以促进幼儿的语言表达能力的发展。

3. 生活化的游戏设定也能够增加幼儿有关"买衣服"的生活经验。

前期准备

(幼儿或爸爸妈妈的)四个季节的服装(可以有短袖T恤、短裤、长袖衣服、长裤、棉袄、棉靴、凉鞋、帽子、手套等)。

互动要点

1. 妈妈扮演四季服装店的"店员",将准备好的服装摆放在桌子上。

2. 爸爸带着孩子来到四季服装店"买衣服":

"店员":"欢迎光临'四季服装店',我们的店里可以买到各个季节的衣服哦。"

爸爸:"我今天带宝贝来买衣服,(问孩子)你想买哪个季节的衣服?"

孩子:"我想买春天的衣服。"

"店员":"那宝贝快来选选,我们这里有好多件衣服,哪一件是春天的衣服?"

(引导孩子自行选出春天的衣服)

爸爸:"宝贝选得真棒,这件衣服很适合春天,我们就买这件吧!"

"店员":"好的,这件衣服ＸＸ元,欢迎你们下次再来哦!"

3. 按照上述活动方法反复多次,尽量引导孩子"买"不同季节的衣服。

2

活动延伸	1.可以在活动中增添"试穿"的环节，锻炼孩子自己穿脱衣服的自理能力。 2.爸爸妈妈与孩子也可以互换角色,让孩子成为"服装店"的"店员",向爸爸妈妈介绍每个季节的衣服都有哪些。
温馨提示	除了衣服之外,也可以选择其他一些具有季节性特点的物品进行"买卖",比如扇子、遮阳伞等。

（三）语言方面

31—36个月的幼儿已经能够按照一定的阅读规则进行独立阅读了，并拥有一定的对阅读活动的兴趣。爸爸妈妈可以在家中选择一个地方作为图书角，摆放上基本适合这一月龄段幼儿的图画书，鼓励孩子每天都能够自主地到阅读角进行一定时间的阅读，久而久之，孩子一定会拥有受用终身的热爱阅读的好习惯。

▲ 幼儿在家里阅读图书

	送牛奶
活动目标	1.利用儿歌的形式，帮助幼儿练习"l"和"n"的正确发音。 2.通过游戏模拟实际的生活，帮助幼儿学会使用礼貌用语。
前期准备	小篮子、牛奶(盒装、袋装、瓶装均可,也可以用其他物品,如水瓶代替)。

互动要点

1.爸爸妈妈准备好一个小篮子，里面装上几盒牛奶。

2.让幼儿拿着小篮子，在家里走动给爸爸、妈妈和其他成员送牛奶，边走边说："小篮子，手上拿，我给妈妈送牛奶。"

3.当幼儿把牛奶送到时，爸爸妈妈要引导幼儿说"请拿好牛奶"，对应的爸爸妈妈也要说"谢谢宝贝"。

活动延伸

对于一些孩子掌握得不是很好的发音，爸爸妈妈可以专门找一些相关读音的字编成比较顺口的儿歌教给孩子，让孩子能够在不断重复的过程中练习发音，类似的词语还有"南瓜""蓝色""葫芦"等。

母鸡萝丝去散步

活动目标

1.通过亲子阅读活动，提升幼儿对图画书的兴趣，从小培养幼儿喜爱阅读的好习惯。

2.通过阅读活动中爸爸妈妈的引导与帮助，让幼儿实现能够准确地说出故事的主人公是谁，并简要复述故事的大概情节等能力目标，提升幼儿初级的阅读技能。

3.利用亲子之间的对话互动，促进幼儿语言表达能力与思考能力的不断进步。

前期准备

图画书《母鸡萝丝去散步》。

互动要点

1.准备一本图画书《母鸡萝丝去散步》，通过幼儿独立阅读或与爸爸妈妈亲子共读的形式，先让孩子对图画书中的故事情节有所了解。

2.爸爸妈妈可以从以下几个方面向幼儿提问，引导幼儿能够对故事的主要人物、情节等内容进行思考：

2

·故事里面都有哪几个角色？（母鸡和狐狸）

·你能和爸爸妈妈讲一讲发生了一个怎样的故事吗？

·母鸡和狐狸在院子里／池塘边／干草垛／磨面房／栅栏／蜂箱旁都发生了什么事情？

·故事的最后母鸡怎么样了？狐狸怎么样了？

3. 若孩子能够使用完整的语言，准确地回答爸爸妈妈的提问，爸爸妈妈要及时给予赞扬和鼓励"宝贝真棒"，提升孩子对阅读活动的喜爱；若孩子不能够完全回答提问，爸爸妈妈则可以通过将书翻回特定的位置，和幼儿一起观察画面，引导幼儿对故事主人公和情节有更深刻的理解，提升幼儿的阅读能力。

活动延伸

在对图画书内容理解与熟悉的基础上，爸爸妈妈还可以与幼儿一起"演"故事。如《母鸡萝丝去散步》中提到的"母鸡萝丝穿过院子，身后的狐狸扑了个空""母鸡萝丝绕过池塘，狐狸又扑了个空""最后母鸡萝丝回到鸡舍"等就具有很强的画面感，可以用于家庭角色扮演游戏。多元化的亲子阅读活动不仅能够加深幼儿对图画书内容的理解，还能够将亲子阅读变得更有趣，提升幼儿的阅读兴趣，有助于培养幼儿热爱阅读的好习惯。

温馨提示

图画书的选择对于家庭开展31—36个月幼儿的早期亲子阅读活动十分关键，不仅要选择符合幼儿认知、语言能力发展特点的图画书，还要选择能够激发幼儿阅读兴趣的图画书。在此建议，爸爸妈妈可以先选择带有彩色图画的生活情境再现的简单小故事图书，再选择有简单重复情节的多幅画面的图画书，如《母鸡萝丝去散步》《小蝌蚪找妈妈》等。

（四）情感与社会性方面

31—36 个月幼儿的同伴交往行为会逐渐增多，爸爸妈妈需要帮孩子创造同伴交往的机会，可以多多邀请同龄小朋友到家中"做客"。为了能够让孩子和伙伴之间玩得更开心，爸爸妈妈可以适当准备一些适合多人参与的玩具，比如小厨房里的厨具和食物道具、医生玩具、简单的飞行棋等，帮助孩子在游戏中学会同伴交往技能，促进幼儿社会性能力的发展。

▲ 一起摘水果

▲ 同伴之间共同体验游泳的乐趣

▲ 和哥哥建立亲密关系

亲子小游戏

开心餐厅

活动目标

1.通过亲子游戏，引导幼儿学会如何加入、合作、分工等社会交往技能，有助于提升幼儿的社会性能力水平；

2.在游戏中培养幼儿语言表达能力、精细动作能力、认知能力等多方面的能力，促进幼儿的全面发展，提升亲子互动质量。

前期准备

一次性盘子、杯子等厨具；小包装零食（或用橡皮泥等食物模拟玩具）。

互动要点

1. 游戏中，孩子要和爸爸妈妈一起经营一家"开心餐厅"，一共需要三个角色，分别是厨师、服务员和客人，孩子和爸爸妈妈可以通过"协商"决定由谁扮演上述角色（协商的方式可以有口头商量、随机抽签、按序轮换等，爸爸妈妈要引导孩子学会在多人游戏中通过"协商"解决问题）。

2. 协商决定完角色后，爸爸妈妈要和孩子说明每个角色的分工是什么：

·厨师：负责在厨房里准备食物。

·服务员：负责招呼客人、将食物端给客人、客人走后收拾餐桌。

这里爸爸妈妈要注意引导幼儿学会合作与分工。

3. "开心餐厅"正式营业啦，情节如下：

"开心餐厅"要招聘一名服务员，"服务员"前来参加面试。

"服务员"："你好，请问我能加入餐厅工作吗？我想成为一名服务员。"（让幼儿体验"请求加入"的社交经验）

"厨师"："好啊，我们刚好需要一名服务员！那你就来帮助我们招呼客人并且把食物端给客人们吧。"

"开心餐厅"来了第一位客人：

"服务员"："欢迎光临，请问您要吃点儿什么？"

"客人"："你们这里都有什么啊？"

"服务员"："我们这里有小饼干、巧克力、饮料……"（任意发挥）

"客人"："好的，那我要一份小饼干吧。"

"服务员"："好的，请稍等。"然后和"厨师"说："请
准备一份小饼干。"

"厨师"："好的，马上就好。"

"服务员"将准备好的小饼干端给"客人"。

"客人"（假装吃完后）："请问多少钱？"

"服务员"："一共 ** 元，欢迎你下次再来'开心餐厅'！"

活动延伸

"开心餐厅"的游戏也可以邀请同龄小伙伴一起加入，
爸爸妈妈可以在一旁随时引导幼儿，帮助其进行同伴游
戏，提升幼儿的社会交往技能，为未来幼儿园中的同伴
交往做准备。

开学"第一天"

活动目标

1. 通过自我介绍、叙述事情等游戏情节，练习幼儿的语
言表达能力。

2. 通过假装游戏让幼儿获得有关"上幼儿园"的初步经验，
激发幼儿对幼儿园生活的喜爱与憧憬。

3. 游戏中要求幼儿能够尽量自己做事情，训练幼儿的自
理能力，并为以后幼儿适应真正的幼儿园生活做准备。

前期准备

无，但可以准备小书包、小板凳等模拟幼儿园的场景。

互动要点

1. 情景模拟：今天是孩子去上幼儿园的第一天，孩子做
好准备后由爸爸送去幼儿园。

2. 妈妈假装成"幼儿园"老师，爸爸牵着孩子的手，将
孩子送到幼儿园。

3. "老师"让孩子坐好后，邀请孩子进行自我介绍，妈
妈要引导孩子能够吐字清晰、声音洪亮地说出自己的性

2

别、年龄等信息，还可以询问关于"你妈妈叫什么名字呀""你爸爸叫什么名字""你家住在哪里"等问题。

4. 游戏环节的时间，"老师"和孩子一起玩游戏。

5. 生活环节的时间，孩子能够自己如厕、吃点心等。

6. 爸爸来幼儿园接孩子"回家"，回家后，爸爸妈妈问孩子："今天上'幼儿园'都发生了什么呀。"引导幼儿能够用完整的句子叙述事情。

活动延伸

可以邀请同龄的幼儿一起进行假装游戏，并增加同伴互动的游戏情节。

温馨提示

出于游戏进度的考虑，孩子在"幼儿园"里的一天不宜过长，可以在第一次"上幼儿园"的情节基础上，继续开展第二天、第三天的幼儿园生活。每一天的安排可以略有不同，比如第一天看图画书、第二天搭积木、第三天吃点心等，旨在帮助幼儿在游戏中提前了解幼儿园的生活，激发幼儿对上幼儿园的憧憬与喜爱。

三、31—36 个月幼儿的发展评价

31—36 个月幼儿各方面能力的发展都取得了很大的进步，为幼儿即将到来的幼儿园集体生活做好了准备。大多数 31—36 个月的幼儿都能够达成以下表现。当满 36 个月的幼儿不能达到下述指标时，应引起家长的高度重视，必要时应及时向儿科医生或保健专家进行专业咨询。

幼儿 31—36 个月时的表现

1. 能够单脚离开地面站立并保持 5—10 秒。　　　是 ○　　　否 ○

2. 能沿着地面上的直线笔直向前走。　　　是 ○　　　否 ○

3. 能够用力将球朝某具体方向扔出。　　　是 ○　　　否 ○

4. 能够正确使用汤匙吃饭。　　　是 ○　　　否 ○

5. 能够手口一致地从 1 数到 5。　　　是 ○　　　否 ○

6. 知道爸爸妈妈的姓名、职业、家庭住址等简单和基本的家庭信息。　　　是 ○　　　否 ○

7. 阅读完一本图画书后，能够说出故事的主人公是谁。　　　是 ○　　　否 ○

8. 能够自己用小勺子吃饭。　　　是 ○　　　否 ○

9. 能够自己穿脱简单衣裤。　　　是 ○　　　否 ○

10. 喜欢与同龄小伙伴一起游戏。　　　是 ○　　　否 ○